高等学校教材

油气田开发仿真实验教程

（富媒体）

李　杰　庞占喜　主编

石 油 工 业 出 版 社

内 容 提 要

本书以油气田开发仿真教学实验室的相关设备为依托，以培养学生动手操作能力为目的，系统介绍了井身结构和完井管柱仿真、注采系统仿真、油藏动态仿真、自喷井采油仿真、游梁式抽油机采油仿真、电动潜油离心泵采油仿真、螺杆泵采油仿真、修井仿真、注采工具模型及井下修井工具模型等内容。本书是按照由地下到地面，由采油到油藏再到井筒的思路展开，每章配有习题。

本书可作为石油工程及相关专业的教材，也可作为油田培训机构的培训用书。

图书在版编目（CIP）数据

油气田开发仿真实验教程：富媒体／李杰，庞占喜主编．
— 北京：石油工业出版社，2019.8
高等学校教材
ISBN 978－7－5183－2968－7

Ⅰ.①油… Ⅱ.①李… ②庞… Ⅲ.①油气田开发—仿真—实验—高等学校—教材 Ⅳ.①TE319－33

中国版本图书馆 CIP 数据核字（2019）第 098215 号

出版发行：石油工业出版社
　　　　（北京市朝阳区安华里 2 区 1 号楼　 100011）
　　　　网　 址：www. petropub. com
　　　　编辑部：(010) 64250991　 图书营销中心：(010) 64523633
经　 销：全国新华书店
排　 版：北京市密东文创科技有限公司
印　 刷：北京中石油彩色印刷有限责任公司

2019 年 8 月第 1 版　 2019 年 8 月第 1 次印刷
787 毫米 ×1092 毫米　 开本：1/16　 印张：12
字数：252 千字

定价：29.00 元
（如出现印装质量问题，我社图书营销中心负责调换）

前　言

2012 年，中国石油大学（北京）为了培养具有较强实践技能的综合型石油工程人才，遵照教育部有关建立专业实验与专业训练相结合、专业技能培养与实践体验相结合的实验教学模式，进一步提高在校大学生的实践能力，尤其是观察、分析和解决实际问题的能力，建成了石油工程仿真实践教学基地。石油工程仿真实践教学是石油工程学院实践性工程教学的重要环节之一，是油田现场生产实习的重要补充。它的建成极大地缓解了当前大学生生产实习过程中的实习经费紧张、安全保障缺乏、组织管理较难等诸多难题。石油仿真实践教学基地的建设，立足于石油工程专业的相关理论知识和岗位操作动手能力，包括了采油、油藏、注水、井下作业和井下工具等模块，这些模块涵盖了油田开发的各个方面，知识面广且杂，实验前需掌握大量的理论知识方可更好地进行实践操作。

本书共十章，第一章为井身结构及完井管柱仿真教学，主要介绍了直井、斜井和水平井的井身结构组成及对应的完井方式。第二章为注采系统仿真教学，讲述了水从地面注入到井底，从井底驱替原油后重新回到地面的一系列过程，使学生一方面可以掌握注水方面的知识，另一方面对采油厂的相关生产单位有一定的认识，对生产实习起到辅助作用。第三章为油藏动态仿真教学，通过实验使学生可以直观地认识不同注水井网的地下波及情况。第四章为自喷井采油仿真教学，可使学生直观了解自喷井从地下到地面的流动过程，以及自喷井中会出现的流态。第五章为游梁式抽油机采油仿真教学，介绍了游梁式抽油机、抽油泵和气锚的工作原理，学生可通过实验了解气体对泵效的影响。第六章为电动潜油离心泵采油仿真教学，介绍了电动潜油离心泵的工作原理和反映电动潜油离心泵泵效的电流卡片，并让学生在实际操作中掌握电动潜油离心泵的举升原理。第七章为螺杆泵采油仿真教学，可使学生通过观察及操作掌握螺杆泵的工作原理。第八章为修井仿真教学，主要介绍了修井的内容和操作步骤，这一章实践性较强，在学习过程中主要由学生操作完成。第九章和第十章分别为注采模型工具和井下修井工具模型，详细介绍了每一种工具的功能、结构、工作原理及适用条件。

本书由李杰和庞占喜担任主编，具体编写分工如下：第一章至第四章由李杰编写，第五章至第七章由庞占喜编写，第八章由檀朝东编写，第九章及第十章由檀朝东和宋执武编写。本书由李杰进行结构设计及最终定稿，仝英利在全书统稿时进行了部分修订，檀朝东撰写了部分视频的解说词。本书在编写过程中，参考和引用了相关专家的教材、专著及资料，在此表示感谢。

由于编者水平有限，书中难免存在不足之处，恳请广大读者批评指正。

编　者

2019 年 2 月

目　　录

富媒体资源目录

本教材富媒体资源由中国石油大学（北京）李杰提供。如有教学需要，请联系责任编辑，电子邮箱：tanyujie312@163.com。

第一章
井身结构及完井管柱仿真教学

本章首先通过理论学习让学生了解井身结构及完井管柱结构的组成，然后通过直观演示让学生明白水平井、斜井、直井的井身结构，同时掌握完井管柱在地层中的分布及作用，并清楚不同的完井方式所对应的不同的完井管柱。

第一节　井身结构及完井管柱简述

一、井身结构

井身结构是指在已钻成的裸眼井内下入直径不同、长短不等的几层套管，然后注入水泥浆封固环形空间，最终形成轴心线重合的一组套管与水泥环的组合，如图 1 – 1 所示。

一口井的井身结构包括全井下入套管的层次、各层套管的直径及下入深度、各次开钻相应钻头直径和井深、各次固井水泥返高和各层套管鞋处地层的层次等方面。合理的井身结构，应既能够满足钻井和采油工艺的要求，又要符合节约钢材、水泥，降低钻井成本的原则。

在一口井内，应该下几层套管及每层套管应该下多深，主要取决于该井要钻穿的地下岩层情况。

1. 套管的层次和下入深度

众所周知，地表层一般多为松软易塌的地层，为了防止井口的坍塌下陷和井口防喷器的安装需要，每口井通常都要下表层套管，管外还必须用水泥封固。深度一般为几十米到几百米。下入深度由地表松软层和需要封固的浅水层的深度决定。

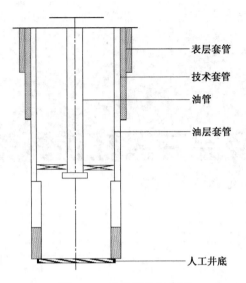

图 1-1　井身结构示意图

右侧标注（自上而下）：表层套管、技术套管、油管、油层套管、人工井底

在生产井内，为了防止油层、气层、水层的互相窜通、相互干扰，或者是油、气中途流失，必须下入油层套管固水泥，将油层、气层、水层封固隔开，以保证油井的正常生产。下入深度是根据生产层位的深度和完井的方法决定的。有的下到生产层的顶部，有的则下过生产层以下几十米。管外水泥返高，一般要高于应封隔的油层、气层、水层 50~100m。

表层套管和油层套管之间是否还要下技术套管，要看地层的情况复杂与否和钻井工人克服复杂情况钻进的技术水平。一般情况下，应采取调整钻井液性能的办法应对复杂地层的钻进，尽量不下或少下技术套管。近年来，随着人们对地质情况的深入了解和钻井技术水平的提高，井身结构中套管层次正在逐步减少。

钻井实践证明，井下复杂情况主要和油层压力有关，如果在一口井内，上、下岩层的压力差别很大，难以用同一密度的压井液加以平衡时，就必须要下技术套管将高压地层、低压地层隔开，否则会造成井喷、井漏、坍塌、卡钻等事故，给钻井工作造成很大的困难，甚至造成井中途报废。因此，决不能单纯地为了节省钢材和水泥而盲目地减少技术套管。技术套管的下入深度，以封住应该封的层段为原则。

2. 套管、井眼（钻头）直径

套管层次和各层套管的下入深度确定之后，便可以根据开采的要求和套管的系列确定各层套管及其下入井段所需井眼（钻头）的直径大小。首先应根据油井生产和井下作业等的要求，确定油层套管的直径，然后确定保证使油层套管能够顺利下入的井眼（钻头）直径。依次类推从下而上逐次确定各层套管及其下入井段的井眼（钻头）直径。

套管直径按系列和规范不同有大有小，各油田用的油层套管也不完全一致，同一口井，下的套管也不止一层。为了保证套管的顺利下入，要求井眼和套管要有一定的直径差。套管直径越大，刚度越大，下井就越困难，因此，使用的套管直径越大，套管和井眼的直径差也应该越大。

3. 井的分类

在油田上，根据钻井目的和开发的要求，把井分为不同的类别，称为井别。

（1）探井：在经过地球物理勘探证实有希望的地质构造上，为了探明地下情况，寻找油田而钻的井。

（2）资料井：为了取得编制油田开发方案所需资料而钻的井。

（3）生产井：用来采出生产液（油、气）的井。

（4）注水井：用来向地下油层内注水的井。

（5）检查井：在油田开发过程中，为了检查油层开发效果而钻的井。

（6）观察井：在油田开发过程中，专门用来观察油田地下动态而钻的井。

（7）调整井：在油田注水开发中，为了改善断层遮挡地区的注水开发效果，调整平面矛盾严重地段的开发效果所补钻的井。

二、直井完井方式

完井通常是针对油气层与井眼间的连通状况及其结构特点而言的。在实际钻完井工作中，在不同油田、不同区块对不同油层、不同类型的井所采取的完井方法是不同的。但是不论采用哪种完井方法，从采油的观点来看，都需要满足以下几方面的要求：首先，能有效地连通油层与井眼，油流入井的阻力要小；其次，能有效地封隔油层、气层、水层，防止相互窜扰，对同井开采不同性质的多油气层能满足分层开采和分层管理的要求，能控制油层井壁坍塌和出砂的影响，保证油井长期稳定生产；再次，能满足以后增产措施、修井以及改进采油工艺的要求；最后，采用的完井方法要工艺简单，完井速度快、质量好、成本低。

目前，国内外最常见的直井完井方式有射孔完井、裸眼完井、割缝衬管完井、砾石充填完井、防砂滤管完井和化学固砂完井等。由于各种完井方式都有其各自适用的条件和局限性，现将各种完井方式分述如下。

1. 射孔完井

射孔完井是国内外最为广泛和最常使用的一种完井方式，包括套管射孔完井和尾管射孔完井。

1）套管射孔完井

套管射孔完井是指钻头直接钻穿油层至设计井深，然后下生产套管至油层底部"口袋"，注水泥固井，最后射孔，射孔弹射穿生产套管、水泥环并穿透油层某一深度，建立起油流的通道，如图 1-2 所示。

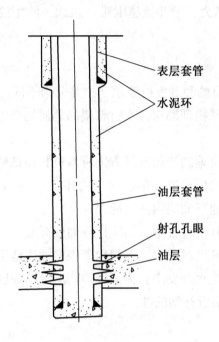

图1-2 套管射孔完井示意图

套管射孔完井既可选择性地射开不同压力、不同物性的油层以避免层间干扰，还可避开夹层水、底水和气顶或避开夹层的坍塌，具备实施分层注采和选择性压裂或酸化等分层作业的条件。砂岩或碳酸盐岩油层均可采用此方式完井。

2）尾管射孔完井

尾管射孔完井是指钻头钻至油层顶界，下技术套管注水泥固井，然后用小一级的钻头钻穿油层至设计井深，用钻具将尾管送下并悬挂和密封在技术套管尾部，再对尾管注水泥固井，然后射孔完井，如图1-3所示。尾管和技术套管的重合段一般不应小于50m。

由于在钻开油层以前，油层以上地层已被技术套管封固，因此，可以采用与油层相配伍的钻井液以平衡压力、欠平衡压力或负压钻井的方法钻开油层，有利于保护油层。此外，这种完井方式可以减少套管用量和油井水泥的用量，从而降低完井成本，目前较深的油井大多采用此方法完井。而高压、超高压气井不宜采用此方法，但可先采用尾管射孔完井，然后用尾管同等尺寸的套管回接至井口，以免井下封隔器或悬挂器密封失灵时技术套管承受过高内压力而挤毁。砂岩或碳酸盐岩油层均可采用此方式完井。

2. 裸眼完井

裸眼完井方式有两种完井工序：一是裸眼先期完井，即钻头钻至油层顶界附近后，

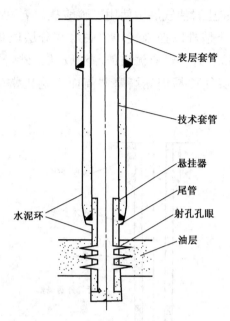

图1-3　尾管射孔完井示意图

下技术套管注水泥固井。水泥浆上返至设计高度后，再从技术套管中下入直径小一级的钻头，钻穿水泥塞，钻开油层至设计井深完井，如图1-4所示。二是裸眼后期完井，即钻头钻至设计井深，然后下技术套管至油层顶部注水泥固井完井，如图1-5所示。裸眼后期完井，大都在固井前，将油层部位垫砂，或油层顶部下入水泥承托器以防固井注水泥时水泥浆下沉伤害油层，此完井方式只在必要的情况下采用。

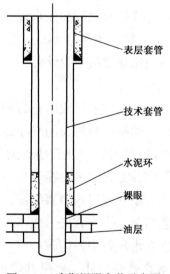

图1-4　先期裸眼完井示意图

裸眼完井的主要特点是油层完全裸露，因而油层具有最大的渗流面积，完善程度高，产能高，一般都在碳酸盐岩油气层中使用。碳酸盐岩岩性坚硬不易坍塌，即使裸眼也能正常生产，其不足之处是难以控制气顶、底水及分层段进行各种措施。而砂岩油层，因砂岩胶结物除碳酸盐岩外，还有泥质或原油胶结，砂岩中大多有泥岩隔夹层，在生产过程中，油层或隔夹层往往易坍塌堵塞井筒而影响正常生产，因而不宜采用裸眼完井。

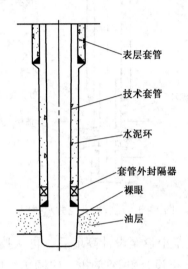

图 1-5　后期裸眼完井示意图

3. 割缝衬管完井

割缝衬管完井方式也有两种完井工序。一是用同一尺寸钻头钻穿油层后，套管柱下端连接衬管下入油层部位，通过套管外封隔器和注水泥接头固井封隔油层顶界以上的环形空间，如图 1-6 所示。二是钻头钻至油层顶部后，先下技术套管注水泥固井，再从技术套管中下入直径小一级的钻头钻穿油层至设计井深，然后在技术套管尾部悬挂并密封割缝衬管完井，如图 1-7 所示。

割缝衬管完井主要用于出砂不严重的油层或防止岩屑落入裸眼井筒中。割缝衬管的防砂机理是允许一定大小的能被原油携带至地面的细小砂粒通过，而把较大的砂粒桥堵在衬管外面，大砂粒在衬管外形成"砂桥"，达到防砂的目的，如图 1-8 所示。

割缝衬管完井是当前主要的完井方式之一，在砂岩或碳酸盐岩油层均可使用。它既起到裸眼完井的作用，又可防止裸眼井壁坍塌堵塞井筒，同时在一定程度上起到防砂的作用。由于这种完井方式的工艺简单、操作方便、成本低，因而在一些出砂不严重的中粗粒砂岩油层中经常使用，特别在水平井中使用较普遍。

割缝衬管的尺寸可根据技术套管的尺寸、裸眼井段的钻头直径来确定，如表 1-1 所示。

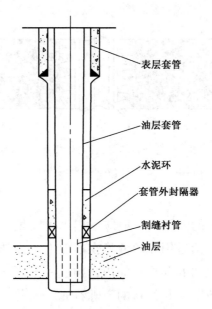

图 1-6　割缝衬管完井示意图一

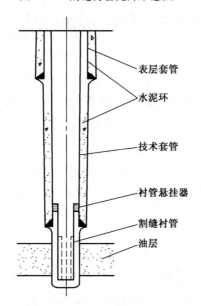

图 1-7　割缝衬管完井示意图二

表 1-1　割缝衬管完井时套管、钻头、衬管匹配表

技术套管		裸眼井段钻头		割缝衬管	
公称尺寸，in	套管外径，mm	公称尺寸，in	钻头外径，mm	公称尺寸，in	衬管外径，mm
7	177.8	6	152	$5 \sim 5\frac{1}{2}$	127~140
$8\frac{5}{8}$	219.1	$7\frac{1}{2}$	190	$5\frac{1}{2} \sim 6\frac{5}{8}$	140~168
$9\frac{5}{8}$	244.5	$8\frac{1}{2}$	216	$6\frac{5}{8} \sim 7\frac{5}{8}$	168~194
$10\frac{3}{4}$	273.1	$9\frac{5}{8}$	244.5	$7\frac{5}{8} \sim 8\frac{5}{8}$	194~219

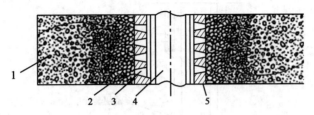

图1-8 衬管外自然分选形成"砂桥"示意图

1—油层；2—砂桥；3—缝眼；4—井筒；5—衬管

4. 砾石充填完井

对于胶结疏松出砂严重的油层，一般应采用砾石充填完井方式。它是先将金属绕丝筛管下入井内油层部位，然后用充填液将在地面上预先选好的砾石泵送至绕丝筛管与井眼或绕丝筛管与套管之间的环形空间内，构成一个砾石充填层，以阻挡油层砂流入井筒，达到保护井壁、防砂入井的目的。砾石充填完井一般都使用不锈钢绕丝筛管而不用割缝衬管。其原因是筛管流通能力大大高于衬管。为了适应不同油层特性的需要，裸眼完井和射孔完井都可以充填砾石，分别称为裸眼砾石充填完井和套管砾石充填完井。

1) 裸眼砾石充填完井

在地质条件允许使用裸眼而又需要防砂时，应该采用裸眼砾石充填完井方式（图1-9）。其工序是钻头钻达油层顶界以上约3m后，下技术套管注水泥固井，再用直径小一级的钻头钻穿水泥塞，钻开油层至设计井深，然后更换扩张式钻头将油层部位的井径扩大到技术套管外径的1.5～2倍，以确保充填砾石时有较大的环形空间，增加防砂层的厚度，提高防砂效果。一般砾石层的厚度不小于50mm。扩眼工序完成后，便可进行砾石充填工序。

2) 套管砾石充填完井

套管砾石充填的完井工序是钻头钻穿油层至设计井深后，下油层套管于油层底部"口袋"，注水泥固井，然后对油层部位射孔。要求采用高孔密（一般20～30孔/m，若套管大于7in，可射40孔/m）、大孔径（20～25mm）射孔，以增大充填层流通面积，有时还把套管外的油层砂冲掉，以便于向孔眼外的周围油层填入砾石，避免砾石和地层砂混合而增大渗流阻力。由于高密度充填（高黏充填液）紧实、充填效率高、防砂效果好、有效期长，故大多采用高密度充填。但近期发现高黏充填液对油层有伤害，有的已改用中黏充填液或低黏充填液。套管砾石充填完井如图1-10所示。

砾石充填完井虽然有裸眼砾石充填和套管砾石充填之分，但二者的防砂机理是完全相同的。

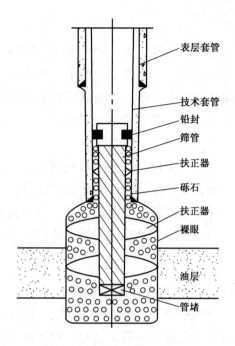

图 1 - 9　裸眼砾石充填完井示意图

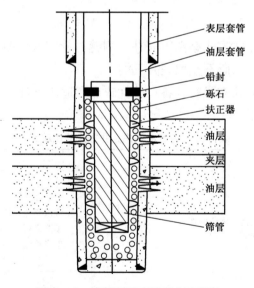

图 1 - 10　套管砾石充填完井示意图

　　充填在井底的砾石层起着滤砂器的作用，它只允许流体通过，而不允许地层砂粒通过。其防砂的关键是必须选择与出砂粒径匹配的绕丝筛管及与油层岩石颗粒组成相匹配的砾石尺寸。选择原则是既要能阻挡油层出砂，又要使砾石充填层具有较好的渗透性能。因此，绕丝筛管、砾石的尺寸、砾石的质量、充填液的性能及充填施工质量是砾石充填完井防砂成功的技术关键。

5. 防砂滤管完井

防砂滤管是油井防砂的另一种方法，其防砂作用原理是采用不同介质作滤砂材料，只让油通过，而将砂挡在滤砂管外。由于其工艺简单、操作成本低，虽然油井完善程度不如砾石充填高，但仍在油井出砂不严重、产液量不高的裸眼或套管完井中使用。防砂滤管种类很多，有预充填绕丝筛管（即在双层筛管中间充填石英砂或树脂包砂）、金属纤维、陶瓷、多孔冶金粉末、金属烧结模滤管等。

使用该防砂方法时，其油井产能低于井下砾石充填完井方式，防砂有效期不如砾石充填完井方式长。它不能如砾石充填完井一样防止油层砂进入井筒，只能防止油层砂进入井筒后不再进入油管。但其工艺简便、成本低，对一些不具备砾石充填完井条件的防砂井，仍是一种有效方法。因而在国外仍普遍采用，特别在水平井中更常使用。

6. 化学固砂完井

化学固砂是指以各种材料（水泥浆、酚醛树脂等）为胶结剂，以轻质油为增孔剂，以各种硬质颗粒（石英砂、核桃壳等）为支撑剂，按一定比例拌和均匀后，挤入套管外，堆集于出砂层位，靠油层温度凝固后形成具有一定强度和渗透性的人工井壁防止油层出砂。或者不加支撑剂，直接将胶结剂挤入套管外出砂层中将疏松砂岩胶结牢固。

三、水平井完井

目前常见的水平井完井方式有裸眼完井、割缝衬管完井、带管外封隔器（ECP）的割缝衬管完井、射孔完井和砾石充填完井五类。

由于水平井的各种完井方式有其各自的优缺点和适用条件（表1-2、表1-3），故应根据油藏具体条件选用。

表1-2　各种水平井完井方式的优缺点

完井方式	优　　点	缺　　点
裸眼完井	(1) 成本最低； (2) 储集层不受水泥浆的伤害； (3) 流体流动能力最强	(1) 疏松储集层，井眼可能坍塌； (2) 难以避免层段之间的窜通； (3) 不能进行水力压裂作业； (4) 生产检测资料不可靠
割缝衬管完井	(1) 成本相对较低； (2) 储集层不受水泥浆的伤害； (3) 可防止井眼坍塌	(1) 不能实施层段的分隔，因而不可避免层段之间的窜通； (2) 无法进行选择性增产增注作业； (3) 无法进行生产控制，不能获得可靠的生产测试资料

完井方式	优　点	缺　点
带管外封隔器的割缝衬管完井	（1）相对中等程度的完井成本； （2）储集层不受水泥浆的伤害； （3）依靠管外封隔器实施层段分隔，可以在一定程度上避免层段之间的窜通； （4）可以进行生产控制、生产检测和选择性的增产增注作业	管外封隔器分隔层段的有效程度，取决于水平井眼的规则程度，封隔器的坐封和密封件的耐压、耐温等因素
射孔完井	（1）最有效的层段分隔，可以完全避免层段之间的窜通； （2）可以进行有效的生产控制、生产检测和包括水力压裂在内的任何选择性增产增注作业	（1）相对较高的完井成本； （2）储集层受水泥浆的伤害； （3）水平井的固井质量目前尚难保证； （4）要求较高的射孔操作技术
裸眼预充填砾石筛管完井	（1）储集层不受水泥浆的伤害； （2）可以防止疏松储集层出砂及井眼坍塌； （3）特别适宜于热采稠油油藏	（1）不能实施层段的分隔，因而不可避免层段之间的窜通； （2）无法进行选择性增产增注作业； （3）无法进行生产控制等
套管内预充填砾石筛管完井	（1）可以防止疏松储集层出砂及井眼坍塌； （2）特别适宜于热采稠油油藏； （3）可以实施选择性的射开层段	（1）储集层受水泥浆的伤害； （2）必须起出井下预充填砾石筛管后，才能实施选择性的增产增注作业

表1-3　各种完井方式适用条件

完井方式	适用的地质条件
射孔完井	（1）有气顶，或有底水，或有含水夹层、易塌夹层等复杂地质条件，而又要求实施分隔层段的储集层； （2）各分层之间存在压力、岩性等差异，而要求实施分层测试、分层采油、分层注水、分层处理的储集层； （3）要求实施水力压裂作业的低渗透储集层； （4）砂岩储集层、碳酸盐岩孔隙性储集层
裸眼完井	（1）岩性坚硬致密、井壁稳定不坍塌的碳酸盐岩或裂缝型砂岩储集层； （2）无气顶、无底水、无含水夹层及易塌夹层的储集层； （3）单一厚储集层，或压力、岩性基本一致的储集层； （4）不准备实施分隔层段、选择性处理的储集层
割缝衬管完井	（1）无气顶、无底水、无含水夹层及易坍塌夹层的储集层； （2）单一厚储集层，或压力、岩性基本一致的多层储集层； （3）不准备实施分隔层段、选择性处理的储集层； （4）岩性较为疏松的中粒储集层

完井方式	适用的地质条件
套管砾石充填完井	(1) 有气顶，或有底水，或有含水夹层、易塌夹层等复杂地质条件，而要求实施分隔层段的储集层； (2) 各分层之间存在压力、岩性差异，而要求实施选择性处理的储集层； (3) 岩性疏松出砂严重的中、粗、细粒储集层
防砂滤管完井	(1) 无气顶、无底水、无含水夹层的储集层； (2) 单一厚储集层，或压力、物性基本一致的多层储集层； (3) 无法实施分段或分层处理，可防止粗、中、细砂； (4) 不能防止油层砂进入套管，但可防止进入套管的砂进入油管
化学固砂完井	(1) 适用套管射孔完成的井，可避射气顶、底水或水层； (2) 单层处理厚度不大于10m，若为多层，则应分层处理； (3) 固砂半径约0.5m，应在油井未出砂前固砂，油层出砂形成了空穴后，防砂效果不好； (4) 化学固砂后，油层渗透率要下降，产能可能要降低30%左右

1. 裸眼完井

裸眼完井是一种最简单的水平井完井方式，即技术套管下至预计的水平段顶部，注水泥固井，然后换直径小一级钻头钻水平井段至设计长度完井，如图1-11所示。

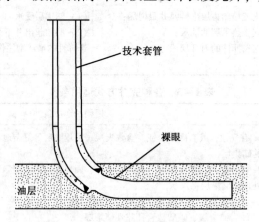

图1-11 水平井裸眼完井示意图

裸眼完井主要用于碳酸盐岩等坚硬不坍塌地层，特别是一些垂直裂缝地层，如美国奥斯汀白垩系碳酸盐岩地层。砂岩油层不宜采用此方式。

2. 割缝衬管完井

割缝衬管完井工序是将割缝衬管悬挂在技术套管尾端，依靠悬挂封隔器封隔管外的环形空间。割缝衬管要加扶正器，以保证衬管在水平井眼中居中，这是当前普遍采用的方式，砂岩或碳酸盐岩油层均可使用，如图1-12所示。

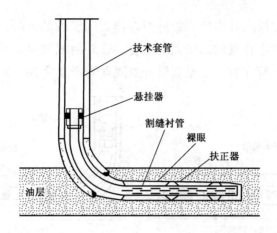

图 1 - 12　水平井割缝衬管完井示意图

3. 射孔完井

技术套管下过直井段注水泥固井后，在水平井段内下入完井尾管，注水泥固井。完井尾管和技术套管宜重合 100m 左右。最后在水平井段射孔，水平井一般采用相位 120°~180°射孔，以免地层砂从孔眼落入套管水平段内堵塞井筒，如图 1 - 13 所示。

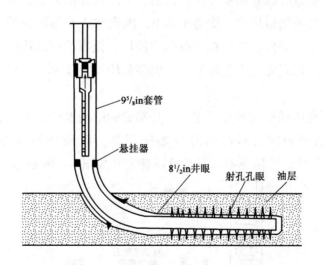

图 1 - 13　水平井射孔完井示意图

射孔完井可将水平段分隔或成若干段，并对各层段进行射孔，各层段之间应留有不射孔的盲管段，以便下封隔器对分段进行措施及测试。射孔完井可在稀油和稠油层中使用，是一种非常实用的方法。

4. 管外封隔器（ECP）完井

这种完井方式是在裸眼井中依靠管外封隔器实施层段的分隔，可以按层段进行作业和生产控制，这对于注水开发的油田尤为重要。管外封隔器完井可以分两种形式：一是套管外封隔器与割缝衬管完井，二是套管外封隔器与滑套完井，如图1-14所示。

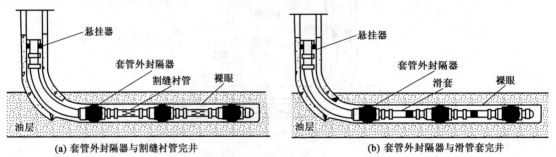

(a) 套管外封隔器与割缝衬管完井　　　　　　　(b) 套管外封隔器与滑管套完井

图1-14　水平井管外封隔器完井示意图

5. 砾石预充填完井

国内外的实践表明，在水平井段内，不论是进行裸眼井下砾石充填或是套管内井下砾石充填，其工艺都较复杂，尤其是裸眼井下砾石充填时，在砾石完全充填到位之前，井眼有可能已经坍塌；或裸眼井下砾石充填时，扶正器有可能被埋置在疏松地层中，因而很难保证长筛管居中。裸眼或套管内井下砾石充填时，充填液的滤失量大，不仅会造成油层伤害，而且易造成脱砂堵塞井筒。目前，国外在裸眼井钻完后或套管固井射孔完成后，采取暂堵剂将油层暂堵住，渗透率为0，因而防止充填液的滤失，为水平段长井段砾石充填创造了施工条件，现已在现场推广使用，充填长度已达到1000m左右。目前水平井的防砂完井因砾石充填工艺较复杂，仍多采用预充填砾石筛管、金属纤维筛管或割缝衬管等方法。

水平井裸眼预充填砾石绕丝筛管完井，其筛管的结构及性能与直井裸眼预充填绕丝筛管完井所用的筛管相同，但使用时应加扶正器，以便使筛管在水平段居中，如图1-15所示。水平井套管预充填砾石绕丝筛管完井如图1-16所示。

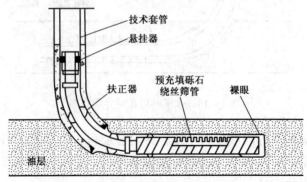

图1-15　水平井裸眼预充填砾石筛管完井

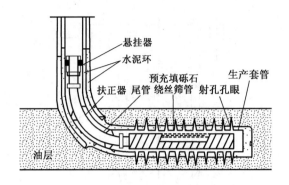

图 1 – 16 水平井套管预充填砾石筛管完井

四、井口装置

井口装置是非常重要的采油设备，井口装置的主要作用是控制井的油气流，完成测试、试油以及投产后的油气正常生产，井口装置如图 1 – 17 所示。

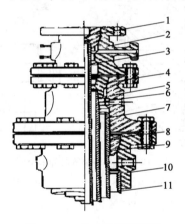

图 1 – 17 井口装置示意图

1—油管悬挂器；2—油管头；3—油管；4，9—套管悬挂器；5，10—套管头；6—油层套管；

7—技术套管；8—密封圈；11—表层套管

1. 套管短节与套管头

套管短节与套管头连接安装在完井套管的最顶部。固井完成后，在地面安装套管头，长度一般为 300～500mm，其上连接专用法兰，合称套管头，其结构如图 1 – 18 所示。

套管短节规格与完井套管一致，法兰有螺纹式与焊接式两种。套管头的主要作用是下与完井套管连接，上与地面四通、采油树连接，是重要的过渡部件。

2. 四通与油管挂

四通是井口装置中的重要组成部件，上接采油树，下连套管头，采油、试油等工艺管柱连挂坐在四通内的油管挂上，修井等作业时四通又与作业井口连接。四通常与油管挂合装，一般通称油管头，其结构如图 1 – 19 所示。

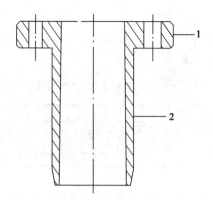

图 1 - 18　套管头结构示意图

1—法兰盘；2—套管短节

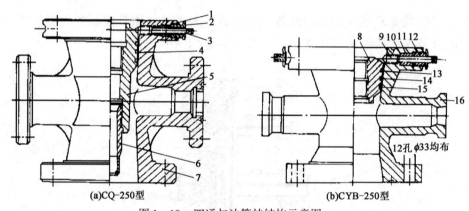

(a)CQ-250型　　　　　　　　(b)CYB-250型

图 1 - 19　四通与油管挂结构示意图

1—密封圈；2—压帽；3，9—顶丝；4，14—O形密封圈；5—油管挂；6—油管短节；
7，16—特殊四通；8—油管锥管挂；10—垫片；11—顶丝密封圈；12—压帽；13，15—紫钢圈

第二节　井身结构及完井管柱仿真教学平台

一、学习目标

观察了解石油完井井身结构的分类；了解完井过程中地层的结构；了解常用的井身结构并掌握井身结构的组成及作用；了解各种井型管柱的组成、结构及管柱在井内的作用。

二、井身结构及完井管柱演示

井身结构是影响油气井钻井安全和油气生产安全的重要因素，井身结构的合理性、安全性是钻完井成败的关键。井身主要由导管、表层套管、技术套管、油层套管和各层套外的水泥环等组成，井中下入的第一层套管称为导管，其作用是保持井口附近的地表

层。井中下入的第二层套管称为表层套管,一般为几十米至几百米,下入后,用水泥浆固井返至地面,其作用是封隔上部不稳定的松软地层和水层。表层套管与油层套管之间的套管称为技术套管,是钻井中途遇到高压油气水层、漏失层和坍塌层等复杂地层时为钻至目的地层而下的套管,其层次由复杂层的多少而定,作用是封隔难以控制的复杂地层,保持钻井工作顺利进行。井中最里面的一层套管称为油层套管,油层套管的下入深度取决于油井的完钻深度和完井方法,一般只有射孔完井方法才下油层套管,其他完井方式则只下到技术套管即可,油层套管一般要求固井水泥返至最上部油气层顶部100~150m,其作用封隔油气水层,建立一条供长期开采油气的通道。水泥返高则是指固井时,水泥浆沿套管与井壁之间和环形空间上返面到转盘平面之间的距离。

本仿真教学平台由水平井、直井和斜井的井身结构及完井管柱模型构成,水平井技术参数为1500mm×2000mm,斜井技术参数为1000mm×2000mm,直井技术参数为1000mm×2000mm。

本仿真教学平台可以演示水平井、斜井和直井井身结构及完井管柱。

1. 水平井井身结构及完井管柱演示

水平井是指井眼轨迹达到水平(一般认为大于85°)以后,再继续延伸一定长度的井,延伸的长度一般大于油层厚度的6倍。水平井井身结构及完井管柱模型如图1-20所示。

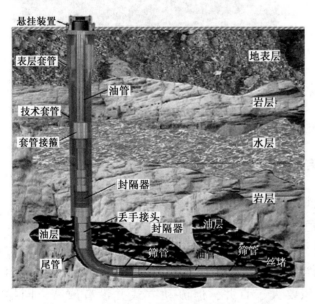

彩图1-20 水平井井身结构及完井管柱示意图

图1-20 水平井井身结构及完井管柱示意图

2. 斜井井身结构及完井管柱演示

斜井井身结构及完井管柱模型如图 1 – 21 所示。

彩图1-21　斜井井身结构及完井管柱示意图

图 1 – 21　斜井井身结构及完井管柱示意图

3. 直井井身结构及完井管柱演示

直井井身结构及完井管柱模型如图 1 – 22 所示。

三、不同井型采油过程演示

本仿真教学平台可以简单地演示水平井、斜井和直井等三种井型的采油过程。其中用红色灯光演示采油过程，用蓝色灯光演示水由水层内向井筒的流动。

图 1 – 23 所示为水平井、斜井与直井的采油过程演示图。用直井和斜井钻穿层状油藏，它所钻开的油层井段只相当于或稍大于油层本身的厚度，而斜井相对于直井的优点是它在穿过油层时接触面积要大于直井，但流动方式并没有改变，同样是径向流。

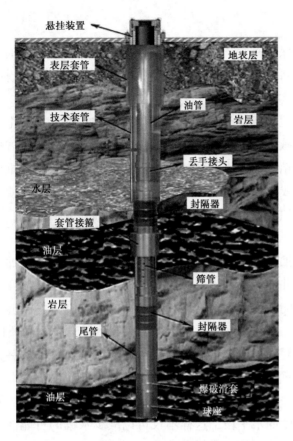

悬挂装置

表层套管

技术套管

油管

地表层

岩层

丢手接头

水层

封隔器

套管接箍

油层

筛管

岩层

封隔器

尾管

爆破滑套

油层

球座

图 1-22 直井井身结构及完井管柱示意图

彩图1-22 直井井身结构及完井管柱示意图

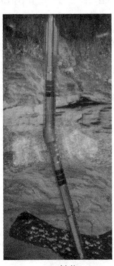

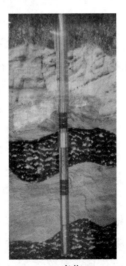

(a)水平井　　　　(b)斜井　　　　(c)直井

彩图1-23 水平井、斜井与直井采油过程演示图

图 1-23 水平井、斜井与直井采油过程演示图

四、不同井型的开发特点

直井是指井眼从井口开始始终保持垂直向下钻进至设计深度的井。直井是油田常用的开发井型，一般井斜角不宜超过每百米1°，其特点是地面井位和地下井位坐标相同，但受地面位置限制。

斜井最大的优点之一是可以在地面条件受限的情况下使用，如在钻井平台上，可使地面井口集中，这样占地面积小，减少了地面的集油管线，简化了井场设置，方便集中管理；同时斜井可从海岸或海堤上钻到岸外水深的油气圈闭处，在陆地上避开重要建筑物、山岭、稻田等，并且可以节省成本，如胜利油田目前所采用的海上陆采，就是把井场设置在陆地，打斜井至海底开采油层。斜井还可以在直井的基础上侧钻而成，这样可以很好地节约成本。

水平井的突出特点是井眼穿过油层的长度长，大大增加了井与油层的接触面积，从而提高油井的单井产量。但是水平井的特点并不只是增加了泄油面积，还能改变了产层内流体的流动条件，使流体由通常的径向流变成平面流。水平井在具有天然裂缝的岩层中，可以将天然裂缝相互连接起来，由于天然裂缝的渗透率要远大于岩石基质的渗透率，降低了油气流入井筒的压力损耗，形成阻力很小的输油线路，从而可以使一大批用直井或普通定向井无开采价值的油藏具有了开采价值。如果产层为边底水驱油藏，当原油黏度比水的黏度高得多时，垂直井可能会遇到水锥的问题，水平井可以在油层的中上部造斜，然后在生产层中钻一定长度的水平段，这样不仅可以减少水锥的可能性，延长无水采油期，而且每单位长度的产油段的压力降比垂直井产油段低。同时水平井还能减少气锥的有害影响，提高油井产量。水平井可以连续贯穿几个薄油层，从而使不具有工业开采价值的油层也能进行生产，提高了原油的采收率。一般来说，水平井产量高及单井控制储量大，但采油成本比直井高，一般水平井的开采成本是直井的1.5~2倍；同时水平井流动特征决定，如果小层层内非均质性强，垂向渗透率低或者小层内水平方向小夹层较多则不能用水平井进行开采；另外，水平井完井工艺和增产措施也复杂，例如目前水平井调剖和堵水的工艺尚不是很完善，且成本较高。

思考题

1. 一口井的井身结构包括哪几个方面的内容？
2. 下几层套管及所下的深度主要由什么来决定？
3. 表层套管、技术套管的作用是什么？
4. 每口井都要下技术套管吗？试说明一下原因。
5. 不论采用哪种完井方法采油都需要满足的要求有哪些？

6. 完井方式都有哪些?

7. 试述各种完井方式的优缺点。

8. 完井井口装置的组成有哪些?

9. 水平井的井身结构和直井有哪些区别?

10. 试述水平井井身结构的适用性。

参 考 文 献

[1] 李根生，翟应虎. 完井工程. 东营：中国石油大学出版社，2009.

[2] 赖布 K H，等. 完井评价. 北京：石油工业出版社，1986.

[3] Jonathan Bellarby. 完井设计. 北京：石油工业出版社，2016.

第二章
注采系统仿真教学

注采系统仿真教学平台主要由地面设备及井下设备构成，可演示笼统注水及分层注水管柱结构、地层水驱油、井下工具在注水时的作用等，并可以通过地面设备详细了解注水管网等注水站地面设备及其用途，配合声光电演示水驱油的运动情况，可使学生更好地掌握注水站工艺。

第一节　注采系统简述

在油田开发过程中，多数油田天然能量不充足，且局限性大，控制较难，为了保持或提高油层能量，实现油田高产稳产，并获得较高的采收率，必须采取补充地层能量的措施。注水开发为目前油田为保持地层能量、提高采油速度和采收率应用最广泛的一项措施。

注水作业可分为笼统注水和分层注水两种。笼统注水是指在注水井上不分层段，各油层处在相同压力下的注水方式。笼统注水适用于各层段层间矛盾小、各小层吸水能力相近；井下技术状况变差，不能下入分层管柱；单层开采井等情况。

在同一压力系统下笼统注水，会出现某些层段大量进水，其余的层进水少甚至不进水的情况，不进水的油层段的原油也就驱替不出来，因此，笼统注水工艺越来越无法满足油藏精细注水的要求。为了使各油层能按着配注量合理均匀注水，以提高各油层的水驱油效率，分层注水的工艺技术被研发出来，并被国内外油田作为油田注水开发最有效的办法而广泛应用。

一、笼统注水工艺

笼统注水主要包括转注之前和转注工程中的一些作业情况。

1. 转注前的准备

1）排液

注水井在试注之前，通常要经过排液。排液工作要根据油田地下能量的损耗情况和对注水的需要，在不同的开发区块、对不同的井有不同的要求。对未投产而急需转注的新井，其排液量最少为井筒容积的 2 倍以上，方可转注。排液可达到的目的如下：（1）在井底附近形成低压区。根据油田开发方案布置井网的要求，在行列井网和面积井网上，都已经确定了哪些是生产井或注水井。这些注水井不论什么时候转注，在转注前都有一个排液生产降压过程。在排液期间其生产压差比正常生产井的生产压差要大，以便尽快在注水井排附近形成低压区，或是在面积井网周围形成压降漏斗，这样转注时更容易把水注入油层中去。（2）喷出井下脏物，减小注水阻力。在钻井和完井过程中不可避免地在井底附近造成污染，使脏物漏入地层，减少了井壁附近的渗滤面积。利用排液较大的生产压差，把井底附近的脏物喷出地面，增大井壁的渗透面积，从而减少转注时的注水阻力。（3）采出更多的地下原油。在油田采用早期内部切割注水的开发方案时，注水井是钻在油区内的，每口注水井都控制着与油井相同的含油面积，这些储存在注水井周围的大量原油，必须通过注水井井筒拿出来，使该井形成相当的经济效益。

2）形成合理的注水井身结构

在正常注水的情况下，注水井的井筒所承受的压力始终比油井在生产过程中承受的压力要大。因此，要保证注水工作的顺利进行，就必须有完好的井身结构，不能将套管漏失、破裂、严重变形、井壁坍塌、管外窜槽等损坏严重的井转注，否则，对以后进行分层配注会造成许多困难。注水井的井口装置比油井井口装置耐压程度要高，在转注的施工过程中，应换上能承受高压的井口装量。同时还要符合改注后进行不放喷作业和分层配注后进行反洗井的要求。

3）完善注水系统

在油井转注之前，必须提前做好注水系统的完善工作。注水管线要提前铺好，保证通畅无阻，计量仪表要安装到位，井口防冻保温工作要及时跟上，否则会出现下入试注管柱后，既不能很快转注，又不能继续生产的被动局面。

2. 转注的作业施工

1）压井

转注井对于压井液的选择和性能的要求以及压井时的操作要求都是比较严格的，整个施工过程都要做到保护油层，尽量减少对油层的伤害。

（1）选择合理的压井液。在压井作业时油层要受到压井液的浸泡，选择合适的压井液把井压好，使起下作业过程中既不发生井喷，又不至于造成漏失堵塞油层，这对转注井来说尤为重要。要压好井，首先要合理确定压井液的密度，选择压井液的密度时必须了解该井的静水柱压力。如果井筒内的静水柱压力与油井的静压值相等时，井就不喷不漏，处于平衡状态；静水柱压力大于静压时，就会出现漏失现象；静水柱压力低于静压时，就会发生井喷。因此，所选择的压井液的密度既要保证整个施工过程中不会发生井喷，又要防止密度过大对油层造成侵害。对转注井来说，一般按测得的静压值计算出压力系数，再附加 10% ~ 25% 的安全系数就可以保证顺利施工。

（2）选择合理的压井方式。在一般情况下，压井应采用正压的方式，因为正压井时压井液是从油管进套管出，油套环空截面积大于油管内的截面积，所以压井液压返出时的流动阻力小，这样可以减少压井液漏失对油层的侵害，同时还可避免油管不通憋压时造成对地层的严重伤害。

2）起油管

为了安全地起出井内油管，防止井涌，在起油管时，始终要保持井内液柱压力，每起 30 ~ 50 根油管就要往井筒里灌一次压井液。同时要做好防喷准备工作，即准备好防喷阀门和油管挂及油管变扣接头等，井口控制装置（全封、半封）必须灵活好用，在起油管时要避免把油管外壁上的死油和蜡刮入井内，井口要安装防落物装置，卸油管时一定要打好背钳，防止井内油管跟转脱扣。

3）套管刮蜡

对经过长期排液生产的转注井，原油中的蜡随着井温降低不断分离出来，蜡在油管和套管臂上，洗井时很难将它洗掉。另外，在转注以后，经过注入水长期的冲洗浸泡，这些蜡就会从套管壁上脱落下来，被注入水带入地层，对地层形成堵塞，增大了注水阻力。

4）下注水管柱、探砂面、冲砂

注水井转注初期，一般是采用全井笼统放大注水，观察地层的吸水能力，并在注水稳定后，及时测得吸水指示曲线。笼统注水管柱结构比较简单，在油管底部接一个工作筒和喇叭口，当油管下至接近井底时，校对好指重表，加压 5 ~ 10kN，探得砂面深度。凡是新转注井都应进行冲砂，一律采用正冲砂的方式。探完砂面后上提管柱 2m 左右，接正冲砂管柱进行冲砂，冲砂时下放管柱要缓慢，注意观察进出口压力，一定要准确计量进出口排量，防止漏失。冲砂至人工井底时，应取样做含砂分析，含砂量降至 0.2% 为合格。冲砂后要实探人工井底，探得人工井底深度与七次探得深度误差不超过 ±0.5m，否则应核实管柱，查明原因。

5）替喷

探人工井底后，用井筒容积 2.5 倍的清水替出压井液，起出加深油管。油管的完成深度应在射孔井段底界 10m 左右，以保证洗井和转注时不把脏水注入地层。

对地层压力较高、清水替喷后油管溢流大、无法起出加深油管的井，可在替喷后投入相应的堵塞器，起出加深油管，装好井口，最后用试井车捞出堵塞器。但是，现场对采用压井液压过的井，投堵塞器感觉不可靠，有时不易投密封，捞时捞不住或拨不动，故很少使用此法。

为了安全顺利地起出加深油管，现场经常采用清水正替方式替出井内全部压井液，接着正替入油管内 2~2.5m³ 的原压井液，半压油管，替完压井液后把套管阀门关上，抓紧时间起出加深油管。装好井口后用清水从套管反替出油管内压井液。采用这种替喷方法虽然比较方便，但是替入油管内的压井液用量一定要计量准确，少则发生井喷，多则会沉入井底侵害油层。对替喷后不能很快洗井注水的井，在替喷后要在油套管内替入煤油浸泡，防止死油上浮堵死油套管，在冬季还应注意防寒以免冻坏井口设备。

6）洗井

对新转注井，投注前的洗井是决定注水成败的一道很重要的工序。通过洗井，要把沉积在井底和井壁上的铁锈、杂质等脏物冲出地面，同时在洗井时，要求地层始终要保持撤喷状态，把沉积在油层孔隙中的脏物冲洗干净，否则注水以后，这些脏物就会随同注入水一起进入底层，堵塞油层孔隙，从而增大注水阻力。

洗井的步骤如下：

（1）确定洗井方式，洗井方式有正洗和反洗两种。洗井时水是从油管进，从套管返出地面称为正洗井；水从套管进，从油管返出地面称为反洗井。对转注的井，一般注水初期都是全井笼统注水，注水管柱为光油管，可采用正洗井的方式，正洗井可减少脏水漏进地层。

（2）选择合理的洗井液，当地层压力大于静水柱压力时，可采用清水洗井；当地层压力小于静水柱压力时，水就有可能漏进地层。根据对洗井质量的要求，为了防止洗井液漏失对地层造成侵害，选用洗井液应有一个界限。当地层压力小于静水柱压力时，要选择混气水洗井。采用混气水洗井，并不能洗至水质合格，只能洗到某一程度后改用清水洗井至合格。

（3）进入清水洗井操作。①冲洗来水管线。为了确保洗井质量，防止不合格的水进入井内，在洗井之前必须用大排量（25m³/h 以上）把从配水间到井口的整个注水管线内的铁锈、泥土和焊渣等脏物冲洗干净，直至水质达到标准（含铁小于 0.5mg/L、含杂质小于 2.0 mg/L）。②接好正洗井管线，油管、套管均装上压力表。换上洗井挡板，一般用流量计计量时，洗井常用 45mm 的挡板。校对排量，如果使用压差式流量计，进出口排量误差不超过 8%；若用水表时，进出口排量误差不超过 5%。洗井挡板要校对三个排量，即 18m³/h、25m³/h、30m³/h，如果进出口排量误差超过标准时，一定要仔细检查仪表和流程，查出原因，符合要求后方可进行洗井。③进入倒流程洗井。先倒好井口流程，打开套管出口阀门和进口总阀门；倒好配水间流程，开大下流阀门，平稳缓慢地打开上流阀门。在开阀门时要注意观察流量计笔尖画出的格数，当格数上升至第一个洗井排量要求时，停止大阀门，进行正常洗井。按时计量和控制进出口排量。为了彻底把井洗干净，洗井排量必须由小到大逐步提高。一般开始洗井用 18m³/h 的小排量替出井筒内脏水，2h 后可提高至 25m³/h 左右。同样洗至含铁和杂质下降不明显时提高排量至 30m³/h，洗至含铁和杂质接近合格，然后控制到 25m³/h 左右洗至水质合格，洗井合格后稳定洗井 2h 后再转注。

（4）进入试注阶段，注水井转注初期，一般采用全井笼统放大注水，观察地层的吸水能力，并在注水稳定后及时测得吸水指示曲线。

7）测吸水剖面

注水 3d、注入量稳定后，改为套管反注水，即可进行测吸水剖面。在套管注水的情况下，先在油管内下入小直径放射性测井仪，测出自然伽马曲线，将其作为基线，然后注入吸附有同位素的骨质活性炭（用清水替入油层），采用小排量（1～2 m³/h）注水，在油管内下入测井仪器测放射性曲线，由测得的曲线和自然伽马曲线对比即可划分出各层段的吸水剖面。凡进行同位素测吸水剖面的注入井，测井后在同位素半衰期内不允许施工作业或排放污水，严防同位素污染环境和伤害人身。

8）测指示曲线

指示曲线就是指注入量与注入压力之间的关系曲线。测指示曲线时，泵压要稳定，先放大注水，稳定后采用降压法测试，测试点不能少于 4 个。地层吸水能力的大小通常用吸水指数 K 来表示。吸水指数是指注入压力每增加 1MPa 时的每天注入量，它反映出注水井的吸水能力。

$$K = \frac{Q_2 - Q_1}{p_2 - p_1} \qquad (2-1)$$

式中　K——吸水指数，m³/(d·MPa)；

　　　p_1——提高压力前的注水压力，MPa；

　　　p_2——提高压力后的注水压力，MPa；

　　　Q_1——在压力 p_1 下的注入量，m³/d；

　　　Q_2——在压力 p_2 下的注入量，m³/d。

9）增注

试注过程中，有的注水井由于具有较高的渗透率，而且试注前的排液、洗井以及冲砂等工作比较彻底，所以，一经试注很快就能达到预计的注入量。但是，也有不少井，虽然经过了强烈排液和反复洗井，但试注仍得不到良好的效果，对于这些井，首先应采取注表面活性剂增注的措施来提高地层的吸水能力。

目前增注用的表面活性剂主要是烷基苯磺酸钠。表面活性剂注入油层后可起到以下作用：一是洗涤残余油，解除堵塞。表面活性剂的驱油原理，主要是改善岩层表面的亲水性能，它可以把附在油层孔道里的残余油洗掉，提高或恢复地层的吸水能力。二是变毛细管的阻力为推动力。当油层的岩石表面性质为亲油时，其毛细管力与水流方向相反，是注水阻力；注入表面活性剂后，岩石表面变为亲水表面，毛细管力转变为与原来相反方向，变为推动力，从而减少了渗滤阻力。三是控制黏土膨胀，提高渗透性。当黏土中的岩石颗粒尚未被水破坏时，注入表面活性剂后，在黏土颗粒周围吸附着表面活性剂物质，可隔开水与黏土的接触，避免黏土吸水膨胀。四是使乳化原油破乳。注入水进入油层后，会形成水包油型的乳化油，即很小的油滴被水包围，小油滴在孔道中通过时，会产生附加阻力，当表面活性剂进入油层后，会使油水乳化物被乳，恢复了有层的渗透性。

注水井转注以后，经表面活性剂增注后，注水量仍达不到预期效果时，还可采取酸洗、酸化、压裂等其他增注措施，以改善和提高低中渗透层、堵塞层的吸水能力。

二、分层注水工艺

分层注水的原理是将所射开的各层按油层性质、含油饱和度、压力等相近，以及层与层相邻的原则，按开发方案要求划分几个注水层段，通常与采油井开采层段对应，采用一定的井下工艺措施，进行分层注水以达到保持地层压力、提高油井产量的目的。它使高、中、低渗透性的地层都能发挥注水的作用，解决油田开发中的层间矛盾，实现有效注水，保持地层能量，维持油田长期稳产、高产，提高水驱动用储量和采收率。分层注水主要适用于油田开发中后期、层内非均质性严重，采用部署一套井网开发多套层系，层系内部有多个小层的情况。

分层注水的实现是通过在注水井内下封隔器把油层分隔开几个注水层段，在各注水层段均下配水器，并安装不同直径的水嘴的注水工艺，水嘴的大小根据油层的非均质性来设计，这样可以解决层间的矛盾，把注水合理地分配到各层段，对渗透性好和吸水能力强的层控制注水，对渗透性差、吸水能力弱的层加强注水，以提高产量。

油田的注水方式一般有三种：正注，即注入水从油管注入地层的注水方式；反注，即注入水从套管注入地层的注水方式；合注，即注入水从油套同时注入地层的注水方式。

1. 固定式配水管柱

固定式配水管柱是由固定式配水器直接连接在油管柱中，注入水从油管进，因油管有底部挡球座，水不能正循环，使油管内压力上升，封隔器胶筒扩张（水力扩张式）或压缩（水力压缩式）密封油套管环形空间，分隔开各油层（段），当注水压力升至配水器启开压力后，配水器打开，注入水按需注入各油层（段）。

它的主要技术要求是配水器的启开压力一定要大于封隔器的密封压差，扩张式封隔器要大于 0.7MPa。

这种管柱的优点是结构简单，管柱通径与油管内径相同，配注层位可以任意多级，能与不放喷作业和测试仪器配套，但缺点是当需要改变油层配注量时，要起出全井管柱后更换配水器水嘴。

2. 空心活动式配水管柱

空心活动式配水管柱由空心活动配水器的工作筒与油管连接下入井中，各级配水器的芯子用钢丝绳投送到工作筒内，其工作原理与固定式配水管柱相同，注入水从油管进入，当封隔器密封后，经空心活动配水器注入各油层。

这种管柱的主要技术要求是由于配水器芯子全部都在同一油管通道中，芯子直径尺寸从上至下由大到小。因此，投送要求由下而上，打捞由上而下逐级进行。

管柱优点是由于配水嘴芯子可以捞送，变更配注量时可不动管柱，也能与不放喷作业及测试仪器配套使用，缺点是受管柱内径限制最多也不能超过 5 段。

3. 偏心配水管柱

偏心配水管柱由油管、工作筒、偏心配水器、封隔器、撞击筒、底部挡球组成，其管柱结构与空心活动式配水管柱结构基本相同，只是使用的配水器不同。由于装有配水嘴的堵塞器坐入的工作筒位于中心管的一侧（偏心导向器主体一侧），不占据管柱中心位置，而且各级配水器（工作筒和堵塞器）的几何尺寸一样，不分级别，分层级数也不受限制，各级堵塞器都可用同一偏心配水管柱进行分层配注，对注水层段的划分就更加细致。同时调换水嘴、搞分层测试连续方便，减少了动管柱施工的工作量，因此，偏心配水器一直是油田广泛使用的配水工具。采用不同的封隔器与偏心配水器组配就有不同的分层配注管柱结构。但因堵塞器尺寸较小，常因水中铁锈等脏物卡死后，更换时打捞不出来或投不进去。

4. 桥式偏心注水管柱

桥式偏心注水管柱由桥式偏心配水器、封隔器、球座和油管组成。该管柱继承了常规偏心式分层配水管柱的优点，同时通过桥式偏心主体与测试密封段的创新设计，解决了注水井测试时测试密封段过孔"刮皮碗"和"憋压"问题，实现了双卡测单层，不用递减法测得实际工况下的分层注入量，消除了递减法测试的层间干扰和系统误差，提高了流量测试调配效率和资料准确程度。桥式偏心注水管柱的测压功能完善，不用投捞堵塞器，不改变正常的注入状态，直接测得分层压力，使测试资料更准确、测试更快捷。

第二节　注采系统仿真教学平台

本节主要对注采系统教学平台的功能予以介绍，使学生可以更好地了解油田实际的工作程序。

一、学习目标

通过对仿真教学平台的学习操作，可详细地了解注水管网及注水站地面设备的组成及其用途，以及这些设备在油田采油厂中所在的工作单位，并在此基础上了解这些单位在采油厂所承担的任务及采油工人所从事的工作种类；配合声光电演示水驱油的运动机理，在前面理论学习的基础上，配合演示笼统及分层注水管柱结构、地层水驱油的非均质性原理及井下工具在注水时的作用等，使学生对注采系统有一个较为详细的了解和掌握。

二、实现功能

注采系统仿真教学平台（图 2 - 1）是一套注水过程的演示平台，可以实现以下功能：

（1）演示注水站地面流程；

（2）展示注水站的地面设备；

（3）演示分层注水和笼统注水的工艺过程；

（4）展示分层注水及笼统注水管柱的结构及作用；

（5）演示水驱油的地层运动机理；

（6）展示井下工具在注水时的作用。

图 2 - 1　注采系统整体效果图

三、注采系统地面设备组成及流程

注采系统地面设备如图2-2所示。

图2-2 注采系统地面设备

1—控制平台；2—储水罐；3—柱塞泵工作组；4—配水间；5—注水井井口装置；
6—抽油机模型；7—采油树装置

1. 储水罐

储水罐如图2-2中的2及图2-3所示。储水罐总共有三个作用，一是储备作用，即为注水泵储备一定水量，防止因停水而造成缺水停泵现象；二是缓冲作用，即避免因供水管网压力不稳定而影响注水泵正常工作及其他系统的供水量及水质；三是分离作用，它可使水中较大的固体颗粒物质、砂石等沉降于灌底，含油污水中较大颗粒的油滴可浮于水面，便于集中回收处理。储水罐主要存放于油田采油厂的联合站。

图2-3 储水罐

2. 工作泵组

由于从储水罐出来的水压力太低不能直接注入地层，因此必须给水加压，而油田的给水加压的单位是计量站。水从储水罐出来后沿管线进入油田的计量站，计量站中有各种加压泵和计量设备，保证每口水井的注入压力及注水量。

1）工作泵组的功能

高压泵组常见为多级离心泵或柱塞泵，主要用于给注入水增压。

在注水站内，需要将储水罐流出的水进行加压，才能满足一定的管路能量需求，当注水量较大时，需要用大排量的离心泵进行来水加压；小油田则选用柱塞泵，柱塞泵水力性能较离心泵好，漏水量比离心泵小，实际效率达到85%以上。通常在现场会有一间大泵房，来摆放工作泵组。图2-4所示为一组柱塞泵。

图 2-4　柱塞泵工作组

2）柱塞泵的工作原理

柱塞泵是往复泵的一种，属于体积泵，其柱塞靠泵轴的偏心转动驱动做往复运动，其吸入和排出阀都是单向阀。当柱塞外拉时，工作室内压力降低，出口阀关闭，低于进口压力时，进口阀打开，液体进入；当柱塞内推时，工作室压力升高，进口阀关闭，高于出口压力时，出口阀打开，液体排出。

3. 配水间

每口注水井每天注入的水量是一定的，因此从泵中排出的水不可能完全进入注水井，配水间主要用来调节、控制和计量一口注水井的注水量，其主要设施为分水器、正常注水和旁通备用管汇、压力表和流量计。配水间一般分为单井配水间和多井配水间。

4. 注水管线

连接注水站—配水间—注水井的是注水管线。对于一个油田或一个区块，可能有几座或十几座注水站同时供水，它们可能相互独立，也可能相互连接而组成网络系统。图2-5所示为演示注水时的地面注水管线。合理确定注水站的位置及数目是管网设计的重要内容。

图2-5　注水管线

5. 注水井

水从注水管线出来后则到达注水井，注水井是注入水从地面进入油层的通道，井口装置与自喷井相似，不同点是无清蜡阀门，不装井口油嘴，可承高压。井口有注水用采油树，陆上油田注水采油树多用CYB-250型。图2-6所示为注水井井口装置，其主要作用是悬挂井内管柱、密封油套管环形空间、控制注水和洗井方式（如正注、反注、合注、正洗、反洗）和进行井下作业。除井口装置外，注水井内还可根据注水要求（分注、合注、洗井）分别安装相应的注水管柱。注水井可以是生产井转成的或专门为此目

图2-6　注水井井口装置

的而钻的井。通常将低产井或特高含水油井、边缘井转换成注水井。

四、注采系统地下设备组成及流程

注采系统地下设备如图2－7所示。

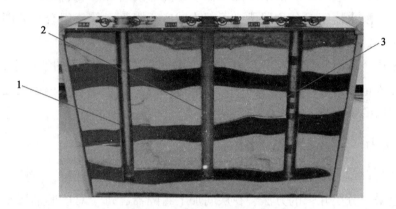

图2－7　注采系统地下设备
1—采油管柱；2—笼统注水管柱；3—分层注水管柱

1. 注水管柱

注水管柱分为笼统注水管柱和分层注水管柱。

1）笼统注水管柱

高压水经地面管线由注水管柱把水注入地层，如果注水层数少，层间压力差又小，就可以进行同井笼统注水。笼统注水管柱结构比较简单，或是一根光油管（图2－8），

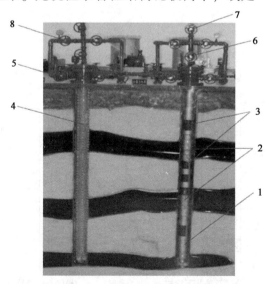

图2－8　注水管柱
1—分层注水管柱；2—配水器；3—封隔器；4—笼统注水管柱；5—套压阀；6—油压阀；7—回压阀；8—进水阀

或在注水层以上的位置下入一个封隔器，用它保护注水层以上的套管。

2）分层注水管柱

分层注水管柱一般采取底筛堵＋配水器＋封隔器的管柱组合，封隔器位于实施分层注水油层之间，配水器正对分注层段，下部为球座＋眼管＋堵头组合，如图2－8所示。这样的管柱主要针对油层较多、各油层物性差异较大的地层注水，能够有效减小注水开发油藏层间矛盾，从而实现同井分层注水，在井口保持同一压力的情况下，加强对中、低渗透层的注入量，而对高渗透层的注入量进行控制，防止注入水单层突进，实现均匀推进，提高油田的采收率。

2. 采油管柱

若采油井为自喷，地下采油管柱则比较简单，直接下油管即可，有些为了避免产生层间矛盾则会采用分层开采的方法，在层间加上封隔器，每个对应的油层则根据油层能量的大小安装配产器。采油管柱主要由丢手接头、封隔器、配产器、管柱支撑器、筛管丝堵等组成，如图2－9所示。而对于能量不足以自喷的油井则要采用下泵开采，而下泵的管柱图和自喷井是不同的，如图2－10所示，根据实际开发油层的物性差异，通常采用分层采油管柱进行油井配量生产，避免造成各段油层地层压力不均衡或亏空程度不同而产生层间开发矛盾。实际中常用到封上采下管柱、封下采上管柱、封中间采上下管柱、封上下采中间等。根据高含水油井要求，需要将配接好的堵水采油管柱下入到设计位置，通过油管内增加液压坐封封隔器，分隔油套环空，从而实现油层的分层开采。

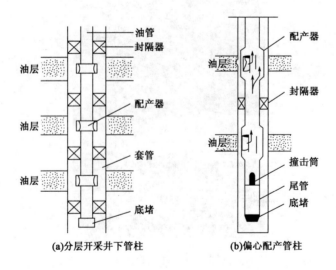

(a)分层开采井下管柱   (b)偏心配产管柱

图2－9　自喷采油管柱示意图

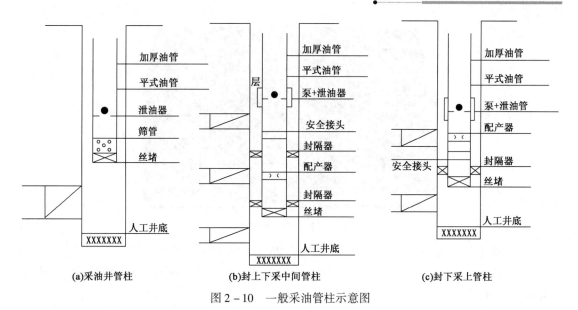

(a)采油井管柱　　　　(b)封上下采中间管柱　　　　(c)封下采上管柱

图2－10　一般采油管柱示意图

3. 地层水驱油流动演示

实际油藏中的油水界面不可能为一"镜面"。油藏岩石在沉积过程中，沿着古水流方向其岩石颗粒呈减小趋势，故渗透率沿该方向也是减小的，导致毛细管力增大，所以油水界面沿古水流方向是向上倾斜的。另外由于毛管力的变化不是线性的，所以油水界面实际上是有一定厚度的油水过渡带。地层水驱油流动过程如图2－11所示。

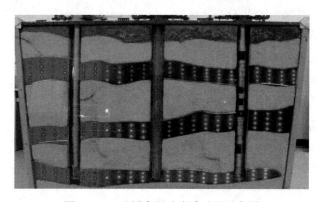

图2－11　地层水驱油流动过程示意图

五、电气操作

开通地面流程工艺，其控制面板如图2－12所示。

（1）接通系统电源；

（2）按下"电源"按钮开关；

（3）按下"笼统注水井"按钮开关，笼统注水井开始注水作业，观察笼统注水工艺的过程；

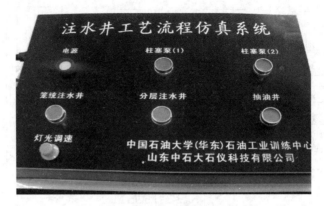

图 2-12　系统控制面板

（4）按下"柱塞泵（1）"或"柱塞泵（2）"按钮开关；

（5）按下"分层注水井"按钮开关，分层注水井开始注水作业，观察分层注水工艺的注水过程；

（6）按下"抽油井"按钮开关，油井开始采油生产，观察水驱油的工艺过程。

 思考题

1. 注水方式有哪几种？

2. 笼统注水和分层注水的区别是什么？

3. 分层注水的原理是什么？

4. 笼统注水作业的基本过程是什么？

5. 简述油田注水开发系统流程。

6. 储水罐的作用是什么？

7. 地层水驱油流动方式是什么？

8. 油田计量油井产液量的生产单位是什么？

9. 吸水指示曲线是什么？

10. 简述吸水指数的定义及反映的意义。

11. 简述地下水驱油流动方式。

参 考 文 献

[1] 刘玉章，郑俊德. 采油工程技术进展. 北京：石油工业出版社，2006.

[2] 郑爱军. 采油工程实训指导. 北京：石油工业出版社，2007.

[3] 李子丰. 油气井杆管柱力学及应用. 北京：石油工业出版社，2008.

[4] 高德利. 油气井管柱力学与工程. 东营：中国石油大学出版社，2006.

第三章
油藏动态仿真教学

油藏动态仿真教学平台是一个可以直观地了解油藏地下流体流动状况的教学平台。此平台以油田井网的实际布置为基础，可动态演示不同井网配置下的一注一采、一注多采、多注一采状态时的流动剖面，通过油藏动态仿真教学平台，学生可观察水驱前缘发展过程及波及状态。

第一节　注水系统与井网简述

目前油田使用较多的为注水开发，在进行注水开发时，不同的井网会有不同水流特征，也会有不同的波及面积，最终会对油田的采收率造成影响，因此，井网研究对水驱波及面积的影响为油田开发非常重要的一部分。

一、注水的目的及意义

向油层注水，利用人工注水保持油层压力来开发油田，是油田开发史上的一个重大转折。自 20 世纪二三十年代注水开采油田在美国获得工业化应用以来，目前已在世界范围内获得了广泛应用，注水已成为主要的油田开采方式，它承担了当前强化采油和提高原油产量的重任。注水开采之所以能得到广泛应用，主要有四个方面的因素：一般都有可供利用的水资源；注水是相对容易的，因为在注水井中的水柱本身就具有一定的水压；水在油层中的波及能力较强；水在驱油方面是有效的。

我国已投入开发的油田基本上都发现于陆相含油气盆地内，其沉积模式以河流—三角洲沉积建造为主，在这样的沉积环境中，砂体沉积小，侧向延续性差。在已开发油田中，天然能量充足的油田的地质储量占不到可开发地质储量的 4%，储量占 96% 左右的油田天然能量不足，需要注水补充能量，以保持高产稳产和较高的采收率，所以注水开采仍然是今后我国大多数油田的主要开采方式。

二、油田注水方式

油田注水方式就是指注水井在油藏中所处的部位和注水井与生产井之间的排列关系。目前,国内外油田应用的注水方式或注采系统,归纳起来主要有边缘注水、切割注水、面积注水三种。

1. 边缘注水

边缘注水就是把注水井按一定的形式部署在油水过渡带附近进行注水。边缘注水方式的适用条件如下:油田面积不大,中小型油田,油藏构造比较完整;油层分布比较稳定,含油边界位置清楚;外部和内部连通性好,油层的流动系数(Kh/μ)较高,特别是注水井的边缘地区要有好的吸水能力,保证压力有效地传播,水线均匀地推进。

根据注水井在油水过渡带附近所处的位置,可将边缘注水分为缘上注水、缘外注水和缘内注水三种,如图3-1所示,

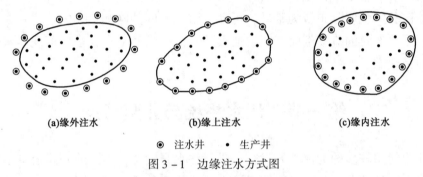

(a)缘外注水　　　　(b)缘上注水　　　　(c)缘内注水

◎ 注水井　　• 生产井

图3-1　边缘注水方式图

采用边缘注水方式时,注水井排布置一般与等高线平行,而且生产井排和注水井排基本上与含油边缘平行,这样将有利于油水前缘的均匀向前推进,以取得较高的采收率。

边缘注水的优点比较明显,如油水界面比较完整,水线移动均匀,逐步由外向油藏内部推进,因此控制较容易,无水采收率和低含水采收率较高。

这种注水方式也存在一定的局限性,如注入水的利用率不高,一部分注入水向边外四周扩散;由于能够受到注水井排有效影响的生产井排数一般不多于3排,因此对较大的油田,其构造顶部的井往往得不到注入水的能量补充,形成低压带,在顶部区域易出现弹性驱或溶解气驱。在这种情况下,仅仅依靠边缘注水就不够了,应该采用边缘注水并辅以顶部点状注水方式,或采用环状注水方式。

环状注水的特点是注水井按环状布置,把油藏划分为两个不等区域,其中较小的是中央区域,而较大的是环状区域,如图3-2所示。理论研究表明,当注水井按环状布置在相当于油藏半径的0.4倍的地方时,能达到最佳效果。

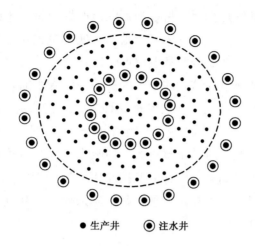

● 生产井 　◉ 注水井

图 3 - 2　环状注水方式图

2. 切割注水

切割注水方式就是利用注水井排将油藏切割成为若干区块，每个区块可以看成是一个独立的开发单元，分区进行开发和调整，这种布井形式称为切割注水或行列切割注水，如图 3 - 3 所示。两排注水井排之间可以布置 3 排、5 排生产井。两个注水井排之间的区域称为切割区。切割区是独立的开发单元，也称为开发区或动态区。两个注水井排之间的垂直距离称为切割距。切割距的大小取决于油层连通状况、渗透率高低以及对采油速度的要求。注水井排的分布方向称为切割方向，一般分为横切割、纵切割和斜切割。

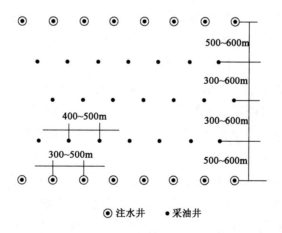

◉ 注水井 　● 采油井

图 3 - 3　小切割距行列切割注水井网示意图

切割注水方式适用条件如下：油层大面积稳定分布且具有一定的延伸长度；在切割区内，注水井排与生产井排间要有好的连通性；油层渗透率较高，具有较高的流动系数。这样，注水效果能较好地传递到生产井排，以便确保所要求的采油速度。

采用切割注水方式的优点如下：可以根据油田的地质特征来选择切割井排的最佳切割方向和切割区的宽度；可以优先开采高产地带，使产量很快达到设计要求；根据对油藏地质特征新的认识，可以便于修改和调整原来的注水方式。另外，切割区内的储量能一次全部动用，提高采油速度，这种注水方式能减少注入水的外逸。

但这种注水方式也有其局限性，主要是这种方式不能很好地适应油层的非均质性，对于平面上油层性质变化较大的油田，有相当部分的水井处于低渗地带，影响注水效率；注水井间干扰大，井距小时的干扰更大，使吸水能力大幅度降低，行列注水方式是多排开采，中间井排由于受到第一排井的遮挡作用，注水受效程度明显变差；在注水井排两侧的开发区内，油层压力不总是一致，其地质条件也不相同，因此有可能出现区间不平衡，增加平面矛盾。

3. 面积注水

面积注水是指将注水井和油井按一定的几何形状和密度均匀地布置在整个开发区上进行注水和采油的系统。这种注水方式实质上是把油田分割成许多更小的单元。一口注水井和几口生产井构成的单元称为注采井组，又称注采单元。

面积注水方式适用的油层条件如下：油层分布不规则，延伸性差；油层渗透性差，流动系数低；油田面积大，但构造不完整，断层分布复杂。面积注水方式也适用于油田后期强化开采。对于油层具备切割注水或其他注水方式，但要求达到更高的采油速度时，也可以考虑采用面积注水方式。

在面积注水方式下，所有油井都处于注水井第一线，有利于油井受效；注水面积大，注水受效快；每口油井有多向供水条件，采油速度高。由于面积注水的特点较显著，目前面积注水方式几乎被所有注水开发油田或进行二次采油油田所采用。

根据油井和注水井相互位置的不同，面积注水可分为四点法面积注水、五点法面积注水、七点法面积注水、九点法面积注水以及直线排状系统等。不同的注水系统（注水井和生产井的布置）都是以正方形或三角形为基础的开发井网。在假定油田具有足够大的线性尺寸前提下，可以用以下参数表示布井方案的主要特征：生产井数与注水井数比 m；每口注水井的控制面积单元 F；在正方形和三角形井网条件下井网的钻井密度 S（每口井的控制面积）。

如图 3-4 所示，布井系统是以正方形井网为基础，井间距离为 a。

（1）直线排状系统［图 3-4（a）］：注、采井的排列关系为一排生产井和一排注水井，相互间隔，生产井与注水井相互对应，井排中井距与排距可以不等。在此系统下 $m=1:1$，$F=2a^2$，$S=a^2$。

（2）五点系统［图 3-4（b）］：油、水井均匀分布，相邻井点位置构成正方形，油井在注水井正方形的中心，构成一个注水单元。此时，$m=1:1$，$F=2a^2$，$S=a^2$。这是一种常用的强注强采的注采方式。

（3）反九点系统 ［图 3 – 4（c）］：每一个注水单元为一个正方形，其中有一口注水井和八口生产井。注水井位于注水单元中央，四口生产井布在四个角上（称为角井），另四口井布于正方形四个边上（称为边井）。此时，$m = 3 : 1$，$F = 4a^2$，$S = a^2$。

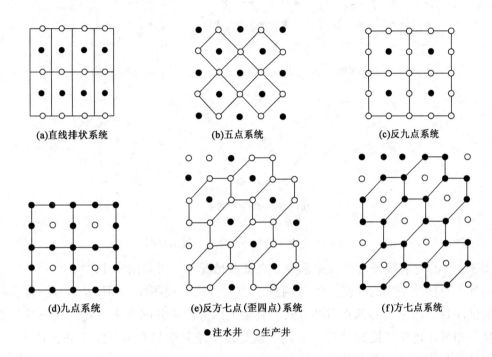

图 3 – 4　正方形井网下的注采系统示意图

（4）九点系统 ［图 3 – 4(d)］：每个注水单元为一个正方形，其中有一口生产井和八口注水井。生产井布于注水单元中央，八口注水井布于四角和四边。在此方式下，$m = 1 : 3$，$F = 1.333a^2$，$S = a^2$。

（5）反方七点（歪四点）系统 ［图 3 – 4(e)］：注水井的井点构成三角形，生产井布于三角形中心，即生产井构成歪六边形。在此系统下，$m = 2 : 1$，$F = 3a^2$；$S = a^2$。

（6）方七点系统 ［图 3 – 4（f）］：注水井构成歪六边形，生产井在中心。此时，$m = 1 : 2$，$F = 1.5a^2$，$S = a^2$。

如图 3 – 5 所示，布井系统是以三角形井网为基础，其井距为 a。

（1）反七点（正四点）系统 ［图 3 – 5(a)］：注水井的井点位置构成正三角形，中心为生产井，而生产井构成正六边形，注水井在中心。在此情况下，$m = 2 : 1$，$F = 2.598a^2$，$S = 0.856a^2$。

（2）七点系统 ［图 3 – 5(b)］：每一个注水单元为一个正六边形，注水井布于正六边形的六个顶点，生产井布于中央。此时，$m = 1 : 2$，$F = 1.299a^2$，$S = 0.866a^2$。

（3）交错排状系统 ［图 3 – 5(c)］：在此系统时，注水井排与生产井排相互间隔布置，注水井与生产井呈交错排列状布井。此时，$m = 1 : 1$，$F = 1.732a^2$，$S = 0.866a^2$。

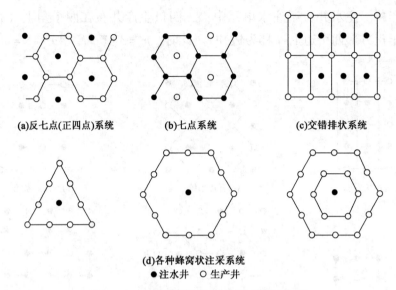

(a)反七点(正四点)系统　　(b)七点系统　　(c)交错排状系统

(d)各种蜂窝状注采系统
●注水井　○生产井

图3-5　三角形井网下的注采系统示意图

　　图3-5(d)是各种蜂窝状注采系统,在某些情况下,可采用该注水方式。

　　另外,有些注采井的井网,例如两点法或三点法,如图3-6所示,则是为了某种可能的试注目的而采用的孤立布井方式,其余大部分注采井网属于重复周期布井。要注意的是,布井术语中所说的"反"井网,就是每个单元中只有一口注水井,这是"正"井网与"反"井网之间的区别。

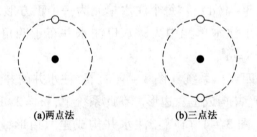

(a)两点法　　　　　(b)三点法

图3-6　两点法与三点法井网示意图

第二节　油藏动态仿真教学平台

一、学习目标

　　通过油藏动态教学仿真平台的学习,可以直观地了解不同井网的配置下地下流体的波及状况及水驱前缘发展变化过程。

二、教学平台的结构组成

油藏动态仿真教学平台主要由七个部分组成。

1. 工作台

工作台的实物图如图 3-7 所示。

图 3-7　工作台实物图

工作台的主要参数为 2400mm×600mm×800mm，工作台采用防火板及铝合金制作。工作台主要承载了实验的动力系统、物模显示系统和计算机控制系统等几大重要组成。左侧为主要的实验操作区，右侧为计算机控制区。同时，实验的主要动力设备蠕动泵外置于试验台左侧，可以清晰地观察到泵的转动速度和方向，防止了计算机的控制失误。同时还可以通过手动调节泵的转速以保护实验仪器。主泵区上方开有一水槽用以盛放实验用液体和各种实验辅助工具。右下方也有专门的计算机主机摆放位置，保证了数据传输的稳定性。

2. 可视化物模板

可视化物模板实物图如图 3-8 所示。

图 3-8　可视化物模板实物图

1）物模板主要参数

油藏动态仿真模型可视化物模板主要参数如下：

（1）填砂可视化物模有效厚度：0.8～2.5mm；

（2）仿真物模平面尺寸：418mm×538mm；

（3）仿真物模厚度：16.8～18.5mm；

（4）任意翻转角度：0°～90°；

（5）物模板周边密封良好，有铝合金包裹能承受一定的内部压力。

2）物模板的主要功能及作用

物模板的两个面全部为玻璃材质，内部均布九个井筒，均为不锈钢材质，其间均匀分布一定厚度的玻璃微珠。可以根据要求，自由选择注、采井。均匀分布的玻璃微珠可以模拟地层的环境，有一定的孔隙度和渗透率。透明的玻璃板不仅使显示的实验效果明显易于观察，同时也便于实验的清洗与整理。

物模板两侧的固定器可以通过调节螺母松紧使物模板与水平地面成0°～90°的任意角度。

3. 模型光源系统

采用LED平板灯，放置于玻璃透光板下部，光线柔和，无阴影，能够清晰展现液体在模型内的流态。实验液体染色处理后，在光源的照射下显色明显，颜色对比强烈，实验现象清晰。

4. 动力系统

微流量调速型蠕动泵实物图如图3－9所示。

图3－9　微流量调速型蠕动泵实物图

1）蠕动泵的主要参数

（1）流量范围：0.005～32mL/min；

（2）流量精度误差：<0.5%；

（3）转速范围：0.1～80r/min；

（4）转速分辨率：0.1r/min；

（5）机箱尺寸（长×宽×高）：112mm×96mm×96mm；

（6）重量：0.72kg。

具有启停▨、正反▨、调速▨功能、简易分装，状态记忆（掉电记忆）等功能。一般用软件中的功能实现，不建议用手动调节。

2）蠕动泵的主要功能及作用

蠕动泵的速度可调，步进电动机细分驱动，精度高，运行平稳。薄膜按键调节转速、方向、启停，操作简单便捷；还设有全速键，可实现快速填充或排空。蠕动泵可以为注入井和采收井提供动力，是实验中的核心部件，并可通过计算机程序直接控制泵的启停、正反转、转速等参数。稳定的转速保证了驱替液的稳定流入，转速的精确控制保证了注入量和采出量的平衡，是整套实验设备的心脏。

5. 抽真空饱和系统

抽真空饱和系统由真空泵（图3－10）、真空表、缓冲罐，以及相应的管阀件组成，操作简单。其主要作用是使玻璃板内空气排除，易于水的进入从而模拟地层达到饱和水的状态；也可用于快速排出物模板内液体，为下一步实验节省时间。试验结束后通过真空泵抽空物模板内液体，防止实验液体长时间污染板内通道，保护实验仪器。

图3－10 真空泵实物图

6. 管路系统

管理系统由井筒、流程管线及阀门组成。

实验中的模拟井筒为不锈钢管制作，可以有效地防止在长期与液体接触中生锈堵塞管口从而影响了液体在管路中的流动。流程管线采用透明聚氨酯管，降低了实验仪器的成本，也最大限度地降低了生锈对管路的影响。同时，聚氨酯管路比其他材质的管路柔韧性更好，寿命更长是该实验流程管线的最佳选择。

阀门的主要作用就是控制放空阀的开启和关闭，如图3－11所示。放空阀连接于蠕动泵后入井井筒前，有放空的作用，同时也可用来保护物模板内压力不至于过大对实验器材造成破坏。

(a)开启状态

(b)关闭状态

图 3 - 11   模拟井筒阀门示意图

7. 软件系统

采用计算机通信，由程序控制动力源的选择，如动力源的正反转，以及转速大小，省掉了手动操作。控制更加直观准确，也提高了改变泵的工作制度时的速度，使实验现象更加有效。图 3 – 12 所示为泵控系统的主要控制界面。

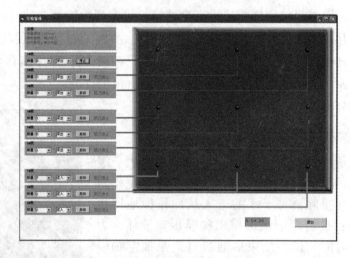

图 3 – 12   泵控系统的主要控制界面

软件系统主要可以实现泵排量的实时改变，注入采出状态的改变，泵的启动和停止；同时可以显示出各井筒的注采状态，从而可以判断此时所采用的布井方法，判断井网类型；可以直观地观察泵的运转情况，也可以高效地完成实验的控制操作，是整个实验仪器的神经系统。

三、主要功能

油藏动态仿真教学平台可动态演示不同井网配置下的一注一采、一注多采、多注一采状态时的流动剖面，直观演示水驱前缘发展过程以及波及状态。仿真模拟评价系统通常采用平板流动试验装置、填砂管流动试验装置或显微微观仿真模拟试验装置对入井流体的渗流、化学剂、储层伤害与保护、酸化解堵等作用机理进行评价。采用平板仿真模型和填砂管模型模拟真实储层中流体的流动过程，在渗透率及地层结构等方面仿真程度较好；相比较传统的显微微观观察，其受到刻蚀模型品种单一、尺寸过小，渗透率、压力、温度等参数难以模拟等限制，都难以做到进行更深层的研究和评价。二维可视化仿真模拟技术近年来有了长足的发展，可视化仿真储层动态分析系统和二维可视化仿真物理模型，是建立在计算机图形处理和量化技术及最新可高度仿真物理模拟技术上的一套可视化仿真平台系统，可实现入井流体的全可视化模拟评价过程和量化过程，为仿真模拟入井流体评价系统提供了更为先进的技术手段。

四、实验过程

1. 实验流程

图 3 – 13 所示为实验流程示意图，图中 9 个圆圈分别代表 9 口井，每口井有相应的管线相连接，有阀门相对应，在实验过程中可控制井别。

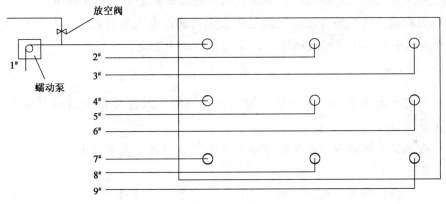

图 3 – 13　实验流程示意图

2. 实验介质

本实验介质为水和精制油，可根据要求将介质染色，使整个实验过程更加清晰明朗、生动形象。水，一般用水溶性的亚甲基蓝染色；油，一般用油溶性的苏丹红染色。驱替用的水可根据实验要求确定，并用亚甲基蓝或用其他水基染色剂染色，直接用现场注入水或模拟水时，应注意矿化度非常大时，难以染色。要考虑各物质颜色的合理搭配和互溶后的显色，各种颜色不要过多否则难以分辨。驱替用的油及油的物性（黏度等）可根据实验要求确定，一般用煤油作原油的稀释剂。驱替用的油一般还可采用任意一种润滑油（机油），用苏丹Ⅲ染色。直接使用原油时，应先脱水。

饱和油是用油驱替水的过程，油的黏度较大不易进入低渗透区域，饱和过程较慢，饱和油时最好采用重力差方式，不要加压。流速过快会造成强剪切，使油水发生乳化。饱和时油可从上面进，底部排水。为了快速简便可以采取抽真空饱和油。

3. 实验温度

温度对实验中部分流体的黏度影响较大。因为实验仪器在室内所以仪器主要受到室内温度的影响。夏天室内温度较高，油和钻井液的黏度较低易于流动。冬天室内温度低，油的黏度升高流动性变差，则会影响实验效果。所以，冬天进行试验应事先对实验模型的主体进行预热，可用热水作为注入液体重复从 1# 井筒注入，9# 井筒采出。实验所用的油和钻井液也可预先加热处理，以保证其正常的流动，使实验效果更加明显。

4. 实验用电

（1）实验用电为 220V/50Hz/10A。

（2）实验电路连接时应将计算机、蠕动泵、照明电路通过不同的插排供电以防止各用电器间的干扰，保证实验安全。

（3）电源安放处应远离工作台左侧的实验操作区，因为整个实验中都离不开液体，要防止液体溅落到电源上造成安全事故。电源附近要有必要的防护措施。

（4）实验前应认真检查实验电路是否安全可靠，电线是否完整、有无损坏，一旦发现问题要及时更换连接线路或插排，以保证实验用电安全。

5. 操作步骤

（1）按要求配制准备好所有钻井液、完井液等入井流体的驱替液及模拟水、模拟油、助剂等待用。

（2）按照试验评价内容调整安装好多功能仿真可视化模拟评价系统、注排流程系统和注入泵系统。

（3）打开操作台和计算机电源，操作台电源按钮在操作台面板右侧，为红色按钮。计算机开机后，点击程序运行图标，进入主操作系统；如果操作台电源未开，软件界面就会出现提示框：通讯无连接，请检查线路或机器设备。

打开电源后，进入主界面（图 3-14），本界面主要显示了模型中井筒的位置、流程以及九个泵的运行状态。每个泵都可以设置排量，可以选择采出或注入状态，可以随时可以控制起停。

（4）驱替液填充。为使实验过程中不受管中气泡和其他液体的影响，应保证在实验前所有的软管中充满驱替液。其具体方法是：将所有井筒的吸入端放入装有驱替剂的烧杯中，出液端放在空烧杯中；泵使用快速填充功能，待出液端没有气泡冒出且出液稳定后关泵，并迅速用止液夹止液，夹持处应尽量靠近出液端；最后将各井筒软管插回原井筒处。

（5）将 9# 井筒软管拔下，真空泵软管连接于模型的其 9# 井筒，作为抽真空口，并用止血钳闭合放在一盛满水水槽内，模型其他口用夹子夹住，关闭所有快开阀。开启真空泵观察物理仿真模型是否有漏气，无漏气时连续抽 5~10min 后，放开水槽内的止血

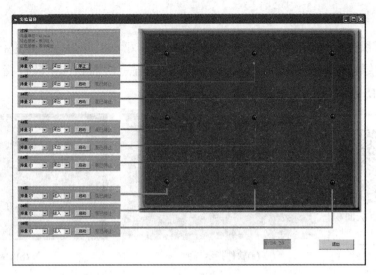

图 3 – 14　系统主界面示意图

钳，使水反向饱和于物理模型；模型充分饱和水后，这时先用止血钳闭合真空管线，然后关闭和卸下真空泵，模型饱和水过程结束；将 9# 井筒软管重新插到 9# 井筒上。

（6）模型饱和油，把 1# 蠕动泵的吸液管和放空管都放到装有染色的机油的烧杯内，通过操作系统控制，将 1# 蠕动泵的放空阀打开（将放空阀的手柄抬起）、将 1# 井筒软管拔下，开启 1# 蠕动泵，模式选择"注入"，当放空管的气体出完以后关闭 1# 放空阀（将放空阀的手柄按下即可），之后当机油从 1# 井筒软管流出时停泵，将软管重新插到 1# 井筒上，打开 9# 放空阀将 9# 放空管接一烧杯，重新开启 1# 蠕动泵，机油就开始进入模型，驱动模型内部的水，开始了油的饱和。直至出口含油达到 100%，停泵，饱和油结束。（也可以采取饱和水的办法饱和油，此法简单快捷）

（7）开始注采试验。将 1# 井筒软管中的油排除出。其具体方法是：将 1# 井筒软管拔下，1# 蠕动泵吸液管放到盛水的烧杯，开启 1# 蠕动泵，选择"注入"模式，当管中排出的液体全部为水时，停止驱动，将井筒软管重新插上。根据需要确定采、注井筒，将需要注入的井筒的蠕动泵的入口管线都放到盛水的少杯中，将需要采出的井筒的蠕动泵的入口管都放到另一个空的烧杯中，在软件界面上选择各个蠕动泵的运行状态，包括流量的设定及注、采模式的设定，其中流量的设定一定要遵循所有注入泵的流量之和等于所有采出泵的流量之和，这样就不会对模型产生一个持续的正压或负压，以保护模型。

（8）驱替过程结束后，取出模型，整理设备，用水清洁流程并排空，关闭主机和操作台电源，可视化模型需重复利用的，需要对模型进行清洗。

6. 实验现象展示

彩图 3 – 15 ~ 彩图 3 – 17 中，绿色代表注入井，红色代表产出井，蓝色区域为过水区域，白色区域为未被驱替到的油。

1) 五点法面积注水

五点法面积注水展示以 $5^#$ 井为注水井，$2^#$、$4^#$、$6^#$、$8^#$ 井为生产井进行，$1^#$、$3^#$、$7^#$ 井关闭。其中绿色代表注入井，红色代表产出井，五点法面积注水软件指示界面及实验现象如图 3-15 所示。

彩图3-15 五点法面积注水

(a)软件指示界面

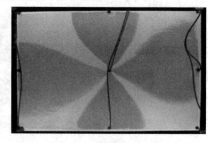

(b)实验现象

图 3-15 五点法面积注水

2) 九点法面积注水

九点法面积注水软件指示界面及实验现象如图 3-16 所示，其中 $5^#$ 井为注水井，其余井作为生产井。

彩图3-16 九点法面积注水

(a)软件指示界面

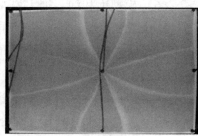

(b)实验现象

图 3-16 九点法面积注水

3) 行列注水

行列注水软件指示界面及实验现象如图 3-17 所示，其中中间一排作为注水井，其余的井作为生产井。

彩图3-17 直线排状面积注水

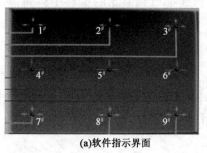

(a)软件指示界面

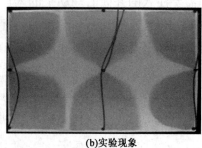

(b)实验现象

图 3-17 直线排状面积注水

思考题

1. 简述注水的目的及意义。
2. 注水方式的定义是什么？
3. 注水方式有哪几种？
4. 面积注水的适用条件是什么？
5. 布井术语中常说的"正"和"反"的区别是什么？
6. 波及系数的定义是什么？
7. 不同的井网是怎么对波及系数产生影响的？可通过实验进行说明。

参 考 文 献

[1] 姜汉桥，姚军，姜瑞忠 . 油藏工程原理与方法 . 2 版 . 东营：中国石油大学出版社，2006.
[2] 陈元千，李璗 . 现代油藏工程 . 北京：石油工业出版社，2004.

第四章
自喷井采油仿真教学

自喷井采油仿真教学平台可演示自喷井井口结构、自喷井采油原理过程以及采油过程中气、液两相流态，并可展示自喷井采油地面流程。

第一节　自喷井采油简述

由于自喷井教学平台主要展示流动过程与流态，因此本节主要介绍自喷井流动过程和自喷井井筒流态。

一、自喷井流动过程

自喷井生产系统中，原油从地层流到地面分离器，一般要经过以下四个基本流动过程：

（1）从油层到井底的流动——油层中的渗流；

（2）从井底到井口的流动——油管中的流动；

（3）通过油嘴的流动——嘴流；

（4）从井口到分离器的流动——地面管线中的流动。

地面流程（图 4 - 1）是充分利用了加热原油的热量实现冷油的再加热过程，具体流程如下：井口出油→井口节流装置→加热炉→防喷管保温套→井口节流装置→分离器→外输→计量站内计量分离器→外输到联合站或输油干线。

油井自喷生产的主要动力是油层压力，油层中的原油依靠消耗一部分油层压力来克服渗流阻力后流入井内，然后又在流动压力的推举下沿井筒向上流动，在上升的过程中，随着压力的不断降低，溶解气逐渐溢出并聚集膨胀，从而推举和携带原油向上运动。所以井底原油能够在井筒内流动，主要是靠流动压力及天然气的膨胀能量，来

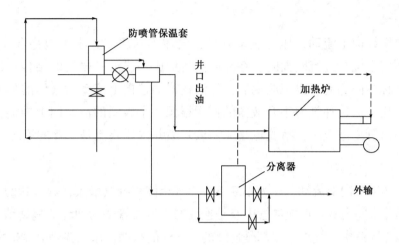

图 4-1　地面流程示意图

克服原油的重力、摩擦损失和滑脱损失。为使自喷井能够正常生产，在地面需要一些辅助设备来降低原油流动阻力。在整个生产系统中，原油依靠油层所提供的压能克服重力及流动阻力自行流动，不需人为地补充任何能量。因此，自喷采油设备简单、管理方便。

二、自喷井井筒流态

绝大多数自喷井的油管中流动的都是油、气两相或油、气、水三相混合物，对普通直井而言，油、气、水混合物在油管中的流动规律属多相垂直管流，而在斜井、水平井中，将出现多相倾斜及水平管流。油气混合物的流动型态（简称流型）是指流动过程中油气在管线内的分布状态，它既与气油体积比、流速及油气性质有关，也受管线的空间走向影响。油井中可能出现的流态自下而上依次为纯液流、泡流、段塞流、环流和雾流。

1. 纯液流

当井筒压力大于饱和压力时，天然气溶解在液体中，这时产液显单相，称之为纯液流。

2. 泡流

在井筒中从低于饱和压力的深度起，溶解气开始从油中分离出来，这时，由于气量少、压力高，气体都以小气泡形态分散在液相中，气泡直径相对油管直径小很多，这种结构的混合物的流动称为泡流。由于油、气密度的差异和泡流的混合物平均流速小，因此，在混合物向上流动的同时，气泡上升速度大于液体流速，气泡将从油中超越而过，这种气体超越液体的现象称为滑脱。泡流的特点是：气体是分散相，液体是连续相；气体主要影响混合物密度，对摩擦阻力的影响不大；滑脱现象比较严重。

3. 段塞流

当混合物继续向上流动，压力逐渐降低，气体不断膨胀，小气泡将合并成大气泡，直到能够占据整个油管过流断面时，在井筒内将形成一段油一段气的结构，这种结构的混合物的流动称为段塞流。出现段塞后，气泡托着油柱向上流动，气体的膨胀能得到较好的发挥和利用。但这种气泡举升液体的作用很像一个破漏的活塞向上推油，在段塞向上运动的同时沿管壁泡流小，滑脱也小。一般自喷井内段塞流是主要的流态。

4. 环流

随着混合物继续向上流动，压力不断下降，气相体积继续增大，炮弹状的气泡不断加长，逐渐由油管中间突破，形成油管中心是连续的气流而管壁为油环的流动结构，这种流动称为环流。在环流中，气液两相都是连续的，气体的举油作用主要是靠摩擦携带。

5. 雾流

在油气混合物继续上升过程中，如果压力下降使气体的体积流量增加到足够大时，油管中央流动的气流芯子将变得很粗，沿管壁流动的油环变得很薄，此时，绝大部分油都以小油滴形态分散在气流中，这种流动型态称为雾流。雾流的特点是气体是连续相，液体是分散相，气体以很高的速度携带油滴喷出井口，油、气之间的相对运动速度很小，气相是整个流动的控制因素。

实际上，在同一口油井内，不会出现完整的流型变化，特别是在一口自喷井内不可能同时存在纯油流和雾流的情况。环流和雾流只是出现在混合物流速和气液比很高的情况下，除某些高产量凝析气井和含水气井外，一般油井都不会出现。

第二节　自喷井采油仿真教学平台

一、学习目的

通过自喷井教学平台的学习，学生可以更好地了解自喷井采油系统的结构及原理，清楚自喷井采油过程，直观地了解自喷井采油过程中气、液两相流态及形成过程，同时掌握自喷井采油整个地面加热流程及外输过程。

二、模型参数

自喷井采油系统模型的主要参数如表 4－1 所示。

表 4－1　自喷井模型的主要参数

外形尺寸（长×宽×高） mm × mm × mm	电泵功率，W	油管长度，mm	油管内径，mm	气源压力，MPa	实验介质
1900×1200×2100	125	938	φ15	≤0.2	水、空气

三、结构组成及操作步骤

图4-2所示为自喷井采油系统模型，主要包括井口装置、井筒装置、控制箱、供液装置四部分。

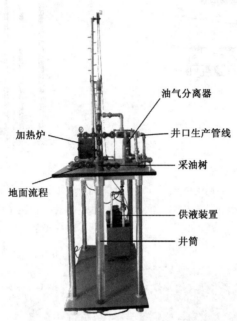

图4-2　自喷井采油系统模型示意图

1. 井口装置

井口装置主要由闸阀、采油树四通、套管大四通、压力表、节流器等部件组成。自喷井采油树一般采用双闸板阀连接，用以控制井下压力对井口的影响，其结构组成如图4-3所示。

2. 井筒装置

井筒装置的结构如图4-4所示。

（1）套管：套管接箍上接井口法兰，下部套管底座通过供液管、供气管与供液瓶、气泵相连，为井筒提供实验所需的液体、气体。

（2）油管：处于套管内部，悬挂在套管下方，下接油管固定座，是自喷井产液的主要通道。

（3）油管固定座：固定油管底部，汇合气、液两相试验介质。

3. 控制箱

控制箱主要由电泵和空气压缩机供电单元、气体流量和压力控制单元两部分组成，如图4-5、彩图4-5所示。控制箱是自喷井教学平台操作的主要面板，通过操作控制箱可调整不同的流态。

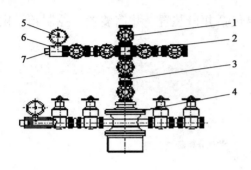

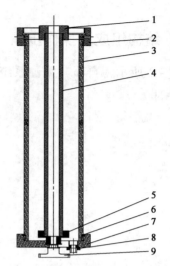

图 4-3 井口装置示意图

1—闸阀；2—采油树四通；3—闸阀接箍；

4—套管大四通；5—压力表；6—节流器；

7—节流嘴

图 4-4 井筒装置结构示意图

1—油管接箍；2—套管接箍；3—套管；4—油管；

5—油管固定座；6—O 形密封圈；7—套管底箍；

8—套管回液快接；9—水、气连接三通

(a)控制箱面板

(b)控制箱后部

图 4-5 控制箱

1—总电源按钮；2—水泵控制按钮；3—气泵控制按钮；4—压力调节阀；5—压力表；6—浮子流量计；

7—进气口Ⅰ；8—气阀Ⅰ；9—进气口Ⅱ；10—气阀Ⅱ；11—总进气；12—总电源接线口；

13—电泵接线口；14—气泵接线口；15—熔断管

彩图4-5 控制箱

1）电泵和空气压缩机供电单元

通过面板控制按钮控制电泵、空气压缩机的启动与停止。当相应的电器运行时，开关上的指示灯亮。

2）气体流量和压力控制单元

通过面板上的压力调节阀控制气体的压力，并通过压力表显示出来，最大工作压力 0.4MPa。通过流量计下端的旋钮可以控制气体的流量，也可以通过箱体上部的两个出口调节阀控制气体的输出流量和导通情况。

3）控制箱操作位置及功能

（1）总电源控制按钮：给整个控制箱供电。按下控制按钮，接通电源，绿色指示灯亮。

（2）水泵控制单元：控制水泵的启动与停止，按下接通电源，红色指示灯亮，水泵开始运行；按起断开电源，红色指示灯灭，水泵停止运行。

（3）气泵控制按钮：控制气泵的启动与停止，按下接通电源，红色指示灯亮，气泵开始运行；按起断开电源，红色指示灯灭，气泵停止运行。

（4）压力调节阀：调节气泵的输出压力，最高工作压力为0.4MPa，顺时针增大，逆时针减小。

（5）压力表：显示气泵的输出压力值。

（6）浮子流量计：控制并显示气体流量。

4．供液装置

供液装置主要包括供液水箱、井筒供液管线、回液管线、放水管线等。图4-6所示为实验用供液装置。

（1）供液水箱用来储存供给井筒的液体，在开机前首先要检查供液瓶液面的高度，一般注入量为整个供液水箱的2/3为宜。

（2）井筒供液管线与供液嘴快插件相连，可供整个循环流程液体循环。

（3）回液管线与分离器输出阀相连，使液体回到供液水箱，使循环液体完成循环。

（4）放水管线包括放水管和放水阀。当有清洗供液瓶和供液管线要求时，可打开放水阀，将污物从放水管线排出。

5．气泵

气泵（图4-7）主要作用是对泵筒注入气体，可完成各种液体在油管内流态的变化。

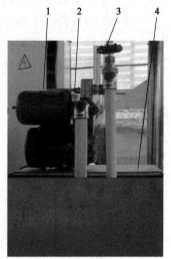

图4-6　供液装置

1—水泵；2—供液嘴；

3—压力调节阀；4—供液水箱

四、注意事项

（1）逐个检查相应器件，若有漏气声，应检查各接头是否插好。

（2）实验前应检查供液装置内的液面高度，以保证整个液体流程循环用量。

图 4-7 气泵

(3) 启动前，一定要检查相应的供液管和供气管是否畅通。

(4) 注意保持供液装置内的液体清洁，并定期清洗管路系统。

(5) 不得在电源接通时反复插拔各电源线。

(6) 切勿将各电源线用水浸湿，以免发生危险。

(7) 不要无休止地拧空气定值器的调节钮。

(8) 实验过程中严禁随便关闭流程内各个控制阀门。

(9) 在需调节阀门时，应尽量放慢速度开、关各个控制阀门手柄，不要猛开、猛关。

思考题

1. 自喷井的四个流动过程是什么？

2. 自喷井有哪几种流态？并简述其特征。

3. 自喷井井口装置由哪些部件组成？

参 考 文 献

[1] Nind T E W. Principles of Oil Well Production. 2nd ed. New York: McGraw-Hill Companies, 1981.

[2] 张继红，李士斌，冯福平. 石油工程生产实习指导书. 北京：石油工业出版社，2014.

第五章
游梁式抽油机采油仿真教学

按种类和结构不同，抽油机可分为游梁式抽油机和无梁式抽油机。游梁式抽油机是油田上最常用的一种普通式抽油机。本章主要介绍游梁式抽油机、抽油泵和气锚的工作原理，通过对这些原理的掌握，学生可自己动手实验，了解气体对泵效的影响。本章以CYJ－Ⅰ－2型游梁式抽油机为例进行介绍。

第一节　游梁式抽油机采油系统简述

游梁式抽油机采油系统一般由三部分组成：第一部分为地面驱动设备，即游梁式抽油机；第二部分为地下部分，即抽油泵，它悬挂在油井油管下端；第三部分为抽油杆，它将地面部分地面运动设备动力传递给井下抽油泵。本节主要介绍抽油机和抽油泵的结构及工作原理。由于气锚为本仿真教学实验中一个环节，因此本节也介绍了气锚的工作原理。

一、游梁式抽油机的结构及工作原理

游梁式抽油机，也称梁式抽油机、游梁式曲柄平衡抽油机，是指含有游梁，通过连杆机构换向，曲柄重块平衡的抽油机。从采油方式上，采油设备可分为有杆类采油设备和无杆类采油设备。游梁式抽油机为有杆类采油设备。

1. 游梁式抽油机的结构

游梁式抽油机主要由主机和辅机两大部分组成，主机由底座、支架、驴头、游梁、横梁、曲柄和平衡块、减速器、制动装置等组成，辅机由电动机和电路控制装置等组成，如图5－1所示。

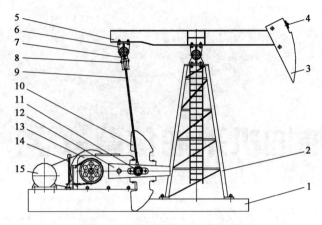

图 5-1　游梁式抽油机结构示意图

1—底座；2—支架；3—驴头；4—绳轮；5—游梁；6—轴承座；7—支臂轴承；8—横梁；9—连杆；10—平衡块；
11—曲柄销装置；12—曲柄装置；13—减速器；14—制动装置；15—电动机

（1）底座：是游梁式抽油机的基础，减速器、电动机和支架直接固定在底座上。

（2）支架：承受抽油机悬点载荷和连杆拉力，是重要的受力部件。

（3）驴头：安装在游梁前端，保证抽油杆始终对准井口中心位置。

（4）游梁：靠支架轴承安装在支架上，前端与驴头相连，后端通过尾轴承与横梁相连。抽油机工作时，游梁绕支架轴承作摇摆运动传递动力，同时承受悬点载荷、连杆拉力和支架通过支架轴承对游梁的反作用力。

（5）横梁：是连接连杆和游梁的中间部件，动力经过横梁才能带动游梁做摇摆运动。

（6）曲柄和平衡块：曲柄成对使用，安装在减速器输出轴的两端。在曲柄上装有平衡块，用于平衡油井内泵的载荷。

（7）减速器：用于传递动力，增大扭矩，是抽油机的重要部件。

（8）制动装置：当抽油机电源切断后，使抽油机立即停车的装置。

（9）电动机：将电能转换为机械能的装置，是抽油机的动力源。

（10）电路控制装置：包括操控箱和气泵等控制抽油机电路的装置。

2. 游梁式抽油机的工作原理

游梁式抽油机井基本都是采用地层压力降低不足以将原油举升到地面而由自喷转为机械采油的方式，俗称转抽。这时候，需要把自喷井的井口装置，也就是采油树改装成抽油机，在地面上的部分称为井口。游梁式抽油机的工作原理实际上是四连杆机构的工作原理，抽油机运转时，将配电箱提供的电能经皮带轮转化为动能传递给减速箱，带动曲柄的圆周转动，曲柄与连杆连接，连杆与横梁连接，横梁与游梁连接，所以这一系列的运转，总结就是曲柄运转带动游梁，驴头做上下往复运动，也就是说曲柄做圆周运动将动能转化为驴头的往复运动。驴头向上行时，称为上冲程，下行时，称为下冲程。

二、抽油泵的结构及工作原理

抽油泵也称深井泵，是有杆机械采油的一种专用机械设备。泵在油井井筒中动液面以下一定深度，依靠抽油杆传递抽油机动力，将原油抽出地面。按照泵在井内的安装方式，分为杆式泵和管式泵两种。管式泵又称为油管泵，特点是把外筒、衬套和吸入阀在地面组装好并接在油管下部先下入井中，然后把装有排除阀的活塞用抽油杆通过油管下入泵中。杆式泵又称为插入泵，其中定筒式顶部固定杆式泵特点是内外两个工作筒，外工作筒上端装有锥体座及卡簧（卡簧的位置为下泵深度），下泵时把外工作筒随油管先下入井中，然后将装有衬套、活塞的内工作筒接在抽油杆的下端下入到外工作筒中，并由卡簧固定。另外，杆式泵还有固定点在泵筒底部的定筒式底部固定杆式泵以及将活塞固定在底部、由抽油杆带动泵筒做上下往复运动的动筒式底部固定杆式泵。由于本书涉及的仿真实验设备为杆式泵，所以本节以介绍杆式泵为主。

1. 抽油泵的结构

抽油泵主要由套管、油管、底部固定阀、活塞、游动阀、抽油杆、井口装置、悬绳器和卡子等组成。带示功仪的抽油泵如图5-2所示。带气锚的抽油泵如图5-3所示。

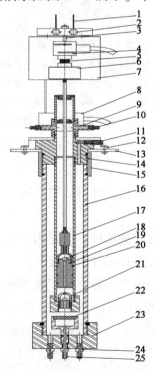

图5-2 抽油泵（带示功仪）

1—钢丝绳；2—悬绳器；3—方卡轴；4—拉力传感器；5—弹簧；6—示功仪配重；7—示功仪壳体；8—位移传感器；9—采油井口；10—出液嘴；11—套管出气嘴；12—法兰压盖；13—井筒台架；14—法兰；15—套管接箍；16—套管；17—油管；18—阀球；19—活塞；20—密封圈；21固定阀；22—滤板；23—底座；24—进液嘴；25—进气嘴

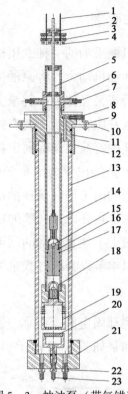

图 5 - 3　抽油泵（带气锚）

1—钢丝绳；2—卡子；3—悬绳器；4—绳卡子；5—抽油杆；6—采油井口；7—出液嘴；8—套管出气嘴；

9—法兰压盖；10—井筒台架；11—法兰；12—套管接箍；13—套管；14—油管；15—阀球；16—活塞；

17—密封圈；18—固定阀；19—气锚；20—滤板；21—底座；22—进液嘴；23—进气嘴

（1）套管：下连底座上接井口法兰，下部通过供液管与供液瓶相连，为抽油泵提供实验所需的液体资源，上部设有套管出气口，与大气直接相通，使抽油泵工作时保持套管压力与大气压相同。

（2）油管：处于套管内部，悬挂在井口法兰下方，下接固定阀，是抽油泵产液的主要通道。

（3）固定阀、活塞、游动阀和抽油杆：固定阀位于油管底部，起单流阀的作用，与活塞、游动阀和抽油杆一起构成抽油泵的抽汲机构。

（4）井口装置：连接在井口法兰上方，是产液和密封抽油杆的重要部件。

（5）悬绳器：位于抽油杆的顶部，卡子的下方，用来固定穿过抽油机驴头的钢丝绳。

（6）卡子：位于抽油杆的顶部，用于调节抽油泵活塞的位置。

2. 抽油泵的工作原理

当活塞上行时，游动阀手油管内活塞以上液柱的压力作用而关闭，并排出活塞冲程一段液体，固定阀由于泵筒内压力下降，被油套管环形空间液柱压力顶开，井内液体进入泵桶内，充满活塞上行多让出的空间。当活塞下行时，由于泵筒内液柱受压，压力增高，而使固定阀关闭。在活塞继续下行中，泵内压力继续升高，当泵内压力超过油管内液柱压力时，游动阀被顶开，液体从泵筒内经过空心活塞上行进入油管。在一个冲程中，泵完成一次进油和一次排油。活塞不断运动，游动阀与固定阀不断交替关闭和顶开，井内液体不断进入工作筒，从而上行进入油管，最后达到地面。

3. 管式泵和杆式泵的区别

管式泵泵径较大，排量大，适用于产量高、油井较浅、含砂较多、气量较小的井；结构简单，加工方便，价格便宜；不适用于深井；由于管式泵工作筒接在油管下端，检泵换泵需起油管，所以检泵相对麻烦。

杆式泵泵径小，适用于低产量的深井；泵在下井前，可以试抽，从而保证了质量；但泵的结构较复杂，加工难度大，成本高，泵卡在油管内由于多一个外工作筒，所以泵径小，排量低；不能用于易出砂的井，内外工作筒之间容易因砂而把泵卡在油管内；检泵方便，起出抽油杆即可起出泵。

三、气锚的工作原理

在油井生产中，气体和液体会一起进入泵筒，这样会减少液体的采出量，从而降低泵效，气体严重时，可能会发生气锁现象。为了提高泵效，防止气锁影响，需要使用气锚进行井下油气分离。目前气锚按分离原理可分为重力式和离心式两种，重力式气锚是利用油气密度的差异，小气泡向上运动聚集形成大气泡，经气锚上部孔眼排出，原油向下运动进入抽油泵，这种气锚分离效率较低。离心式气锚利用气液混合物在气锚内旋转流动，油气的密度不同，离心力也不同，气泡在内侧流动，液体在外侧流动，这种气锚以螺旋式气锚为代表，分离效率较高，如图 5 - 4 所示。本实验仿真设备里的气锚则是最简单的重力式气锚。

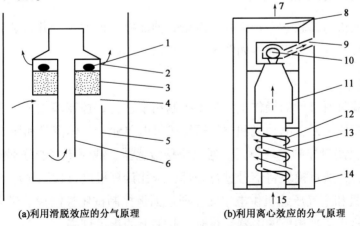

(a)利用滑脱效应的分气原理　　　　(b)利用离心效应的分气原理

图 5 - 4　气锚的工作原理示意图

1—排气阀；2—排气孔；3—气帽；4—进液孔；5—外壳；6—吸入管；7—液体进泵；8—分流腔；9—排气孔；
10—排气阀；11—气帽；12—螺片；13—中心管；14—外壳；15—进液口

利用滑脱效应的气锚工作步骤分为上冲程和下冲程，上冲程时气泡在套管内随液流上升，由于油气密度差使气体产生滑脱，进行气泡首次分离。然后当气泡到达进液孔时，液流流向气锚进液孔，流动方向发生改变，进入气液孔的气泡在进液孔附近进行三次分离；最后气泡进入气锚环形空间中进行四次分离。下冲程泵为排出液阶段，不吸入进排液，此时泵固定阀以下液体流速为零。这时气锚中滞留的气泡在静止状态下上浮至气锚的气帽中，排到套管环形空间，是分气效率最高的阶段。

利用离心效应设计气锚，以螺旋式气锚为代表，利用不同密度的流体离心力不同，使被聚集的大气泡沿螺旋内侧流动，带有未被分离的小气泡的液体则沿外侧流动；在下冲程泵停止吸入时，套管与锚筒环形空间中液流速度为零，其中一部分气泡上浮至分离器上部的油套管环形空间里，液流沿外侧经过液道进泵。当产量越高、气油比越大、气泡直径越大时，分离效果越显著。

第二节 游梁式抽油机采油仿真教学平台

一、学习目的

通过演示抽油机、抽油泵的工作原理，熟悉抽油机和抽油泵的结构，掌握抽油机的减速机构、连杆机构以及平衡机构的四连杆工作过程；通过观察油液或油气混合液进入气锚、泵筒、油管以及通过采油井口进入油管道的抽汲、分气的全过程，掌握抽油泵的工作原理，以及通过抽油泵泵效实验，了解气体对泵效的影响；同时能更加清楚地认识气锚的工作原理及其对泵效的影响。

二、结构组成及操作步骤

游梁式抽油机仿真教学平台主要由游梁式抽油机、抽油泵、井口装置、示功仪、控制箱、供液装置、气泵等组成，如图5-5所示。

1. 控制箱

在进行实验时所进行的操作主要是由控制箱来进行。控制箱主要由三部分组成：示功仪测量控制模块单元、电动机和空气压缩机供电单元、气体流量和压力控制单元。

（1）示功仪测量控制模块单元。通过位移传感器、载荷传感器分别检测抽油杆的位置和受力情况，并通过模块将信号进行处理，送往计算机进行检测显示。

（2）电动机和空气压缩机供电单元。通过面板控制按钮控制抽油机电动机、空气压缩机的启动与停止。当相应的电器运行时，开关上的指示灯亮。

（3）气体流量和压力控制单元。通过面板上的压力调节阀控制气体的压力，并通过压力表显示出来，最大工作压力0.4MPa。通过流量计下端的旋钮可以控制气体的流量；

图 5 – 5　游梁式抽油机仿真教学平台

1—游梁式抽油机；2—控制箱；3—采样计算机；4—抽油泵；5—供液装置；6—气泵；7—井口装置；8—示功仪

也可以通过箱体上部的两个出口调节阀控制气体的输出流量和导通情况。

控制箱的操作位置及功能如图 5 – 6 所示。

（1）抽油机控制按钮：控制抽油机电动机的启动与停止。按下控制按钮，接通电源，红色指示灯亮，电动机开始运行；按起控制按钮，断开电源，红色指示灯灭，电动机停止运行。

（2）气泵控制按钮：控制气泵的启动与停止，按下接通电源，绿色指示灯亮，气泵开始运行；按起断开电源，绿色指示灯灭，气泵停止运行。

（3）示功仪测量控制按钮：控制测量单元电源通断，按下接通电源，绿色指示灯亮；按起断开电源，绿色指示灯灭。

（4）压力调节阀：调节气泵的输出压力，最高工作压力 0.4MPa，顺时针增大，逆时针减小。

（5）压力表：显示气泵的输出压力值。

（6）浮子流量计：控制并显示气体流量。

2. 其他附件

1）供液装置

供液装置主要包括供液水箱、井筒供液管线、回液管线、放水管线和采样管线，如图 5 – 7 所示。

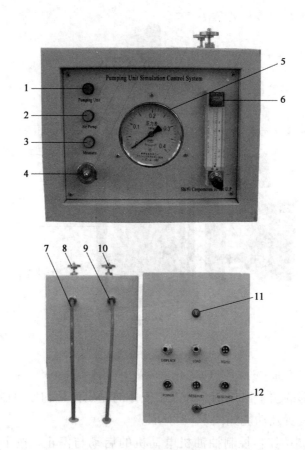

图 5-6　控制箱

1—抽油机控制按钮；2—气泵控制按钮；3—示功仪测量控制按钮；4—压力调节阀；5—压力表；6—浮子流量计；
7—井筒Ⅰ进气口；8—气阀Ⅰ；9—井筒Ⅱ进气口；10—气阀Ⅱ；11—熔断管；12—进气口

图 5-7　供液装置

1—井筒供液管；2—供液阀；3—放水阀；4—放水管；5—采样管；6—井筒Ⅰ回液管；7—采样阀；
8—井筒Ⅱ回液管；9—井筒回液阀

（1）供液瓶用来储存供给井筒的液体，在开机前首先要检查供液瓶液面的高度，使供液瓶与井筒内液体形成连通器后，井筒内液面高度不低于井筒底部固定阀上部100mm。

（2）井筒供液管线包括井筒供液管、供液阀。井筒供液管连通供液瓶与井筒，使其形成连通器；供液阀用来控制井筒供液管线的通断，阀门开启时，手柄与管线方向一致，阀门关闭时，手柄与管线方向成90°夹角。

（3）回液管线包括井筒回液管和回液阀。回液管连通井筒出液口与供液瓶，使其形成循环；回液阀用来控制回液管线的通断。

（4）放水管线包括放水管和放水阀。当有清洗供液瓶和供液管线要求时，可打开放水阀，将污物从放水管线排出。

（5）采样管线包括采样管和采样阀。当测量抽油泵流量时，将采样管放入量筒采样并记录流量；采样阀用来控制采样管的通断。

2）气泵

气泵即空气压缩机，为抽油机教学装置提供洁净气源。

三、实验设计

1. 实验目的

（1）在实验过程中，掌握上下冲程过程中游动阀和固定阀的运动规律。

（2）进行试验设计时，在冲程冲次相同的情况下，设计不同的气量，对比气体对泵效的影响。

（3）进行试验设计时，对比有气锚和无气锚情况下泵效的大小，分析有气体时气锚对泵效的影响。

2. 实验操作步骤

第一步在操作控制面板上设定一定的冲次，在整个实验过程中保持此冲次不变。

第二步设置一定的气量，并在整个实验过程中气量大小不变。

第三步使用抽油机泵中的任意一个，在无气量的时候测量泵效的大小，可测量1min或者0.5min内流体的流量。

第四步若抽油泵带气锚，则打开控制箱上面的进气口，全部打开，然后测量带气锚情况下泵效；若抽油泵不带气锚，则同样打开对应的控制箱上的进气口，测量不带气锚情况下泵效，此次测量同第三步一样同样测量1min或者0.5min的流量，以方便对比。

第五步换抽油泵，测量带气量情况下泵效。

目前一共得到三个泵效：一是没有气的情况下的泵效，为泵的正常泵效；二是有气锚时的泵效；三是有气没有气锚时的泵效。

3. 实验结果分析

实验结果录入表5-1中，并对三个数据进行分析，得出结论。首先要分析三个数据的大小不同的原因，其次根据原因说出气体对泵效的影响。

表5-1　实验结果　　　　　　　　　　　　　　单位：mL/min

	正常泵效	带气锚的泵效	不带气锚的泵效
泵效			

思考题

1. 游梁式抽油机由哪三部分组成？
2. 游梁式抽油机的工作原理是什么？
3. 简述抽油泵的结构及工作原理。
4. 杆式泵和管式泵的区别是什么？
5. 简述气锚的工作原理。
6. 利用实验数据简述气体对泵效的影响。

参 考 文 献

[1] 张建军，李向齐，石慧宁. 游梁式抽油机设计计算. 北京：石油工业出版社，2005.
[2] 王鸿勋，等. 采油工艺原理. 北京：石油工业出版社，1981.

第六章
电动潜油离心泵采油仿真教学

电动潜油离心泵是在油田采油过程中常用的举升设备之一，属于无杆泵系列，它克服了有杆泵中利用杆来进行动力传输的一些缺点，其动力系统位于井下。它是油田开发后期强注强采时所使用的主要手段，主要适用于高含水井和高产井，海上油田也常用电动潜油离心泵进行采油。与常规抽油机相比，电动潜油离心泵的特点是结构简单、效率高、排量大和自动化程度高。本章首先介绍电动潜油离心泵的工作原理，然后讲解反映电动潜油离心泵泵效的电流卡片，并让学生在实际操作过程中掌握电动潜油离心泵的举升工作原理。

第一节　电动潜油离心泵采油系统简述

电动潜油离心泵是将潜油电动机和离心泵一起下入油井内液面以下进行抽油的井下举升设备。电动潜油离心泵是井下工作的多级离心泵，同油管一起下入井内，地面电源通过变压器、控制屏和潜油电缆将电能输送给井下潜油电动机，使电动机带动多级离心泵旋转，将电能转换为机械能，把油井中的井液举升到地面。电动潜油离心泵机组的工作原理是以电能为动力源，电网电压首先经过变压器改变电压后输入到控制柜，通过潜油电缆将电能传给潜油电动机，潜油电动机将电能转换为机械能，带动电动潜油离心泵高速旋转，电动潜油离心泵中的每级叶轮、导壳均使井液压力逐步提高，在电动潜油离心泵出口处达到电动潜油离心泵机组要求的举升扬程，所提升的井液通过油管被举升至地面，再通过地面管线传输至地面集输系统。

电动潜油离心泵供电流程为地面电网→变压器→控制屏→接线盒→电缆→潜油电动机。

电动潜油离心泵抽油工作流程为分离器→多级离心泵→单流阀→泄油阀→井口→输油干线。

电动潜油离心泵机组的特点为：排量范围大，扬程高，可以根据产液变化要求进行变频调速，地面设备占用面积和空间小，适用于海上平台，使用寿命长，便于管理，可适用于斜井与水平井。

通常电动潜油离心泵机组主要由地面部分、中间部分和地下部分三大部分组成，其管柱结构如图6-1所示。

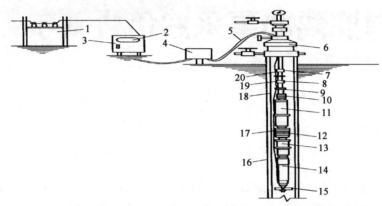

图6-1　电动潜油离心泵机组的管柱结构

1—变压器组；2—电流表；3—配电盘；4—接线盒；5—地面电缆；6—井口装置；7—溢流阀；8—单流阀；9—油管；
10—泵头；11—多级离心泵；12—吸入口；13—保护器；14—潜油电动机；15—扶正器；16—套管；17—电缆护罩；
18—油管柱 ；19—电缆；20—电缆接头

一、地面部分

地面部分由变压器组、自动控制台及辅助设备（电缆滚筒、导向轮、井口支座和挂垫等）组成。

1. 变压器

变压器（图6-2）用于将交流电的电源电压转变为井下电动机所需要的电压。变压器是利用电磁感应原理进行工作的。变压器原边、副边电压之比决定于原、副线圈匝数之比，只要改变原、副线圈的匝数，便可把一种电压的交流电能转变为频率相同的另一种电压的交流电能。电动潜油离心泵机组中的变压器就是将电网电压转变为潜油电动机所需要的电压。

2. 控制柜

图6-2　变压器

电动潜油离心泵机组有两种控制方式，即定频控制和变频控制。一般情况下，在油井上常用的为定频控制方式。电动潜油离心泵控制柜是用来控制电动潜油离心泵的启动和停机，并对电泵的过载、欠载、短路等故障综合保护，以及进行欠载延时自启动和运行参数显示及自动记录的专用设备。

1）结构

电动潜油离心泵控制柜（图6-3）是由电动机启动器、过载和欠载保护、手动开关、时间继电器、电流表组成。

图6-3 控制柜

2）功能

电动潜油离心泵专用控制柜分为手动、自动两种控制方式，通过仪表可随时测量电动机运行电压、电流参数，并自动记录电动机运行电流，从而使电泵管理人员及时掌握和判断潜油电动机的运行情况。

3. 井口

电动潜油离心泵井口是一个偏心并带有电缆密封装置的特殊油管柱，既可以密封动力电缆出口，又可以承受全井管柱及电泵机组的重力。

4. 接线盒

在井口和控制柜之间必须装一个接线盒。接线盒的作用是连接控制柜到井口之间的电动潜油离心泵动力电缆，防止油井中易燃气体通过电缆进入控制柜，以免发生火灾或爆炸。接线盒距井口的距离不小于3m，高度不低于0.5m。接线盒到控制柜的电缆应埋于地下0.2m以下。

二、中间部分

中间部分由电缆和油管组成。将电流从地面部分传送给井下部分，采用的是特殊结构的电缆（圆电缆和扁电缆）。在油井中利用钢带将电缆和油管柱、泵、保护器外壳固定在一起。

电动潜油离心泵的电缆（图6-4）是一种特殊绝缘材料密封、外加钢带铠装的潜油动力电缆，其主要功能是将地面电能输送给井下的潜油电动机。它由用电缆卡子固定在油管上的动力电缆和带电缆头的电动机扁电缆组成。电缆主要包括圆电缆和扁电缆。扁电缆可以用于潜油电动机或套管环形空间间隔较小的井。

图6-4　电缆

电缆接头是制作在引接电缆上与潜油电动机相连的一种专用密封接头，它的耐腐蚀性优越，很适合小扁电缆恶劣的野外工作条件。它主要由壳体、密封压套、绝缘垫块、三相插头、纵向密封胶带和尾部浇注密封段等组成。

三、井下部分

井下部分主要是电动潜油离心泵机组，它由电动潜油离心泵、保护器和潜油电动机三部分组成，三者用花键连接、外壳用法兰连接，对抽油起主要作用。

1. 电动潜油离心泵

电动潜油离心泵位于电泵机组的最上端，主要用于机械采油，在50Hz下排量范围在 $20 \sim 2000 m^3/d$，采用变频装置可获得更大的排量。

电动潜油离心泵主要由旋转部分和固定部分两大部分组成。电动潜油离心泵的主要零部件包括叶轮、导壳、泵轴、泵壳、上泵头、下泵头、轴承支座等。电动潜油离心泵是由多个单级离心泵串联而成，每一级由一个转动的叶轮和一个固定的导轮（壳）组成；叶轮内的油液随着叶轮的旋转而旋转，以实现压能的转换。导轮的主要作用是在转换液体压能的同时，把部分高速动能变成低速（举升）能量（势能）。

电动潜油离心泵是在井下工作的多级离心泵，它的工作原理与地面离心泵相同。当充满在叶轮流道内的液体在离心力的作用下，从叶轮中心沿叶片间的流道甩向叶轮四周时，液体受叶片的作用，压力和速度同时增加，并经导轮的流道被引向次一级叶轮。这样，逐级流过所有的叶轮和导轮，进一步使液体的压能增加，逐级叠加后就获得一定的扬程，从而将井液举升到地面。

2. 保护器

保护器连接电动机的驱动轴与泵轴，连接电动机壳与泵壳。当充油部分与容许压力下的井液连通时，保证电动机驱动轴密封，防止井液进入电动机，平衡电动机内压力和井筒压力。

保护器安装在潜油电动机与油气分离器之间，在潜油电泵机组中主要有以下四个作用：

（1）密封潜油电动机轴的动力输出端，防止井液进入潜油电动机。

（2）保护器的充油腔体与油井相连通，从而平衡潜油电动机和保护器中各密封部位两端的压差。当潜油电动机因温度升高而使润滑油体积膨胀时，润滑油可通过保护器溢出；当潜油电动机因停机温度下降时，保护器可向潜油电动机补充润滑油。

（3）内设一个推力轴承，承担作用在泵轴、分离器轴和保护器轴传递下来的轴向力。

（4）连接潜油电动机轴与泵轴（或分离器轴），连接潜油电动机壳体与潜油泵壳体（或分离器壳体）。

3. 潜油电动机

潜油电动机用于驱动离心泵转动，是电动潜油离心泵机组的动力源。根据实际需要，潜油电动机可以采用几级串联达到特定的功率。

在电动潜油离心泵机组中使用的潜油电动机一般为两极三相鼠笼式异步电动机，由定子、转子、轴承及接头等构成，如图6-5所示。

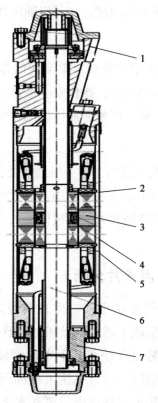

图6-5 潜油电动机结构示意图

1—接头；2—转子铁芯；3—定子铁芯；4—转子轴承；5—电动机壳；6—轴；7—底座

（1）定子：电动机定子的铁心中均匀地分布着三相绕组，该绕组主要是为电动机提供旋转磁场。潜油电动机定子绝缘结构有两种形式：绝缘漆、环氧树脂。电动机绝缘等级最高可达到 H 级。

（2）转子：潜油电动机转子主要是为电动机提供电磁转矩。

（3）轴承：潜油电动机中的轴承采用滑动轴承结构，它包括一个用于承载转子重量的止推轴承和多个径向轴承。径向轴承主要是保证电动机定子和转子间保持一定的间隙以及转子轴的顺利转动。

（4）接头：潜油电动机连接接头主要用于电动机同保护器连接及多节电动机串接时使用。

潜油电动机的工作原理是当定子三相绕组接通三相交流电源时，在电动机定子内部产生一个旋转磁场，其转向取决于电流相序。由于此旋转磁场切割转子导条，根据电磁感应定律，在闭合的转子回路中将产生感应电流；由于电动机法则，此感应电流在旋转磁场中又将受到力的作用，从而产生了电磁转矩使转子沿着旋转磁场的方向带动负载做异步转动。

4. 压力传感器

压力传感器用于测量井下压力和温度。它可以确定井的产能，便于自动控制。

5. 单流阀

单流阀一般装在泵上方 2~3 根油管处。单流阀的作用是在泵内不工作时保持油管柱充满流体，易于起泵，消耗功率最小；操作安全可靠，地面关闸时油管柱内的气体易压缩，形成高压，操作不安全；防止停泵后液体倒流，使机组反转。

6. 泄油阀

泄油阀（或测压阀）应装在单流阀上方一根油管处，它是一个剪切插销装置。在作业中将机组从油井中起出时，由于单流阀的作用，油管中的液体排不出去，需要把泄油阀芯砸断，使油管同套管的环形空间相通，使液体流入套管内，以便施工作业。泄油阀还可以测井中的流压与静压。

四、电动潜油离心泵电流卡片分析

电动潜油离心泵工况诊断的方法很多，但目前应用最广泛的是电流卡片诊断技术，电流卡片上记录的电流值反映了潜油电动机的工作电流随时间的变化过程，因此电流卡片上记载的电流变化趋势也反映着井下电动潜油离心泵机组的运行是否正常，甚至发生极轻微的故障及异常情况，运行电流卡片都可以显示出来。井下电动潜油离心泵机组正常工作时，电流卡片上记载的电流值基本上是定值，电流值可能会有波动但波动范围很小；若井下电动潜油离心泵机组出现不同故障，则电流卡片上记载的电流值也会随时间呈现出不同的形状，电动潜油离心泵机组的管理人员可以根据电流卡片上电流曲线的不同模式判断并分析井下电动潜油离心泵机组的工作情况。所以，研究这些电流卡片，对分析电动潜油离心泵的运行情况，判断其运行中可能出现的各种故障具有指导意义。

电流卡片上不同的电流曲线对应着电动潜油离心泵井不同的故障模式，从国内外对电流卡片的分析情况来看，常见的故障模式主要为机组正常运行、电源电压波动、气体影响、泵抽空、供液不足、油井含气、频繁启动、油井含杂质、机组欠载、机组过载、欠载保护失灵、延时太短、负载波动等。通过学习不同工况条件下运行的电流卡片的分析，学生可以自己进行操作本仿真教学模型来模拟不同工况下的电动潜油离心泵井运行，并通过软件来学习分析不同工况下的电流卡片，从而学习判断现场生产时出现的不同工况，为将来走上工作岗位打好基础。

图6-6（a）所示为电动潜油离心泵正常运行情况下的电流卡片，在这种情况下，电流记录仪画出的是一条圆滑匀称的曲线，其电流值等于或者接近电动机的额定电流值，即使电流值有波动，也是略微高于或低于电动机的额定电流值，在正常波动范围之内。这种电流卡片模式说明电动潜油离心泵的选择和设计是合理的，设计功率和实际功率基本相符。电动潜油离心泵实际运转也可能产生一条类似的曲线，记录的电流值略高或低于电动机的额定电流值。但只要此曲线是对称的，波动范围在规定之内，并且天天始终一致，则该电动潜油离心泵的运行也属于正常。电流卡片所出现的任何一种较大的变化，都表明油井的生产条件发生了变化。该种情况下电流卡片的软件界面如图6-6（b）所示。其他情况下的电流卡片可在实验室控制屏上查看。

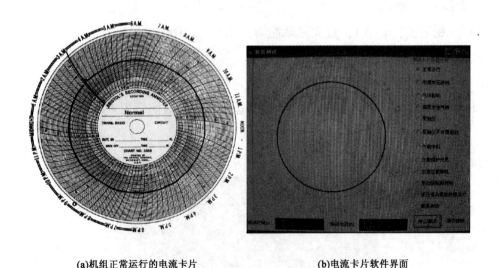

(a)机组正常运行的电流卡片　　　　　　(b)电流卡片软件界面

图6-6　电流卡片

第二节 电动潜油离心泵采油仿真教学平台

一、学习目的

通过对电动潜油离心泵的实际操作，首先需要观察了解电动潜油离心泵机组的结构组成，并掌握电动潜油离心泵的采油过程及工作原理，同时通过调节出液压力来了解泵的流量变化。

二、电动潜油离心泵保护控制仪

OSPC－300 型保护控制仪不仅能为电动潜油离心泵机组提供可靠的保护和控制，而且留有 RS485 通信接口，可以满足用户远程监控的需求。

1. 使用条件及选配功能

海拔高度不超过 1000m；温度范围 －25～50℃（－25℃以下，液晶显示反应速度变慢，但不影响产品功能）。空气相对湿度不超过 85%；外壳防护等级 IP30；适用于没有导电尘埃、没有腐蚀性及爆炸性气体的场所。

2. 电源

（1）工作电压：110V ±15%；

（2）频率：50Hz 或 60Hz；

（3）功耗：＜10W。

3. 模拟信号输入

（1）三相电流：0～5A，最大过载能力为 15A，50Hz 或 60Hz。

（2）三相电压：0～150V，50Hz 或 60Hz，三相四线。

4. 模拟信号输出

三相电流输出信号为 4～20mA。一相线电压 Uab 输出信号为 4～20mA。

5. 用户界面及主要功能

初始界面如图 6－7 所示。

图 6－7　初始界面

监视电动机运行的 3 个界面如图 6 – 8 所示。

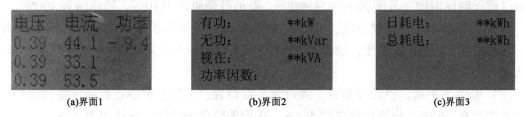

(a)界面1　　　　　　　(b)界面2　　　　　　　(c)界面3

图 6 – 8　监视电动机运行的 3 个界面

按［←］、［→］键切换各个界面。

用户参数设置和历史状态改变记录界面如图 6 – 9 所示。

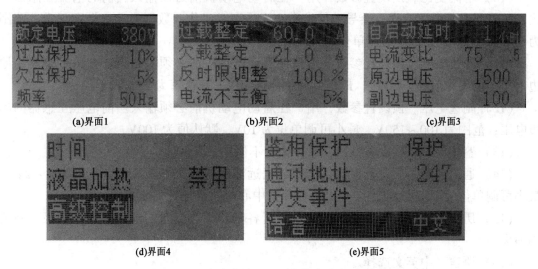

(a)界面1　　　　　　　(b)界面2　　　　　　　(c)界面3

(d)界面4　　　　　　　(e)界面5

图 6 – 9　用户参数设置和历史状态改变记录界面

按［←］、［→］键切换各个界面，按［↑］、［↓］键切换界面内菜单。

（1）额定电压。过压和欠压保护的基准，如果用户开启过压或欠压保护，必须输入电动机的额定电压，范围为 0 ~ 9000V，最小可调单位为 10V，默认值为 2000V。

（2）过压保护。预设置参数，通过此参数设置，可使保护中心起到预警和保护作用；范围为 0 ~ 30%，最小可调单位为 1%，0 表示关闭，默认值 10%。

（3）欠压保护。预设置参数，通过此参数设置，可使保护中心起到预警和保护作用；范围为 0 ~ 30%，最小可调单位为 1%，0 表示关闭，默认值 10%。

（4）频率。预设置参数，用户在启动电动机前必须输入电源频率；范围为 50Hz 或 60Hz，默认值为 50Hz。

（5）过载整定。预设置参数，按电动机额定电流整定，通过此参数设置，可使保护中心起到预警和保护作用；范围为 0 ~ 15 倍电流变比，最小可调单位为 1 倍电流变比，默认值为 4 倍电流变比。

参数值等于最大值 15 倍电流变比时，此项保护关闭。

（6）反时限调整。预设置参数，调整过载反时限动作时间，根据电动机工况选择合适的过载反时限时间；范围为10%~900%，最小可调单位为10%，默认值为100%。

（7）欠载整定。预设置参数，通过此参数设置，可使保护中心起到预警和保护作用；范围为0~5倍电流变比，最小可调单位为1倍电流变比/50，0为关闭此项功能，默认值为1.4倍电流变比。

（8）电流不平衡。预设置参数，通过此参数设置，可使保护中心起到预警和保护作用；范围为0~40%，最小可调单位为1%，0为关闭此项功能，默认值为10%。

（9）自启动延时。预设置参数，只用于欠载停机；范围为0~100h，最小可调单位为1h，0为关闭此项功能，默认值为0。

（10）电流变比。预设置参数，用户在启动电动机前必须输入当前的电流互感器变比，如果此参数设置有误，会导致保护中心无法正常工作，数据显示也会不正常；范围为5:5~1000:5，最小可调单位为5，默认值为75:5。

（11）原边电压。预设置参数，用户在启动电动机前必须输入当前电压互感器的原边电压；范围为100~9000V，最小可调单位为10V，默认值为2000V。

（12）副边电压。预设置参数，用户在启动电动机前必须输入当前电压互感器的副边电压；范围为100~150V，最小可调单位为10V，默认值为100V。

（13）鉴相保护。预设置参数，保护或者不保护，默认值为不保护。

（14）通讯地址。预设置参数，需要数据远传时此参数必须设置；范围为1~247，最小可调单位为1，默认值为247，每台保护中心的通讯地址不能相同。

（15）历史事件。数据浏览项，显示最近各种状态改变时的电压、电流记录，断电不消失。

（16）语言。中英文选择。

（17）时间。设置当前日期和时间。

（18）液晶加热。在低温下若液晶显示模糊，开启后可自动加热液晶以保证液晶正常显示。

（19）高级控制。用户禁用。

三、主要操作步骤

1. 准备步骤

电动潜油离心泵采油仿真教学平台的准备步骤如下：

（1）检查电源线路连接是否正确、可靠。

（2）将回液管线的阀门完全打开，储液槽阀门完全关闭。

（3）将储液槽内清理干净，工作介质注入储液槽，液面在标记线以上。

2. 电气操作步骤

（1）将机柜右侧三个旋钮开关选到两个刻度位置，三个旋钮指示位置必须一致，否则设备处于模拟故障状态无法正常启动，若人为制造故障时，可任意选转一个旋钮，便可造成故障停机，若恢复正常启动，需将旋钮调回原位置。

（2）打开机柜内部的计算机主机，显示器无须开关控制，以便进入软件电流卡演示界面。

（3）保护控制仪参数不要随意设置，否则会导致设备无法正常启动。

（4）合上电动潜油离心泵控制柜总电源闸刀开关（向上为闭合，向下为断开）。

（5）将选择旋钮从断开位置打到接通位置。

（6）点击启动按钮。

（7）电动潜油离心泵正常运行。

停机时，需将选择旋钮打到断开位置，关闭计算机后，拉总闸，防止设备长期供电影响寿命。

3. 软件界面操作

启动计算机，进入操作系统后双击桌面上的图标，进入软件界面（图6-10）。

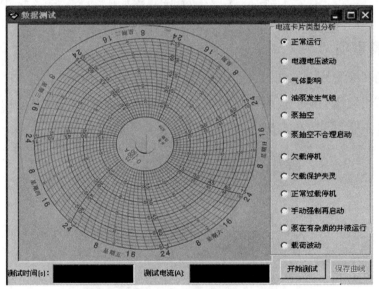

图6-10 软件界面

如要演示某种状态下的电流卡轨迹，就选择对应的状态，然后点"开始测试"，系统就自动画出该状态下的电流卡轨迹。如点击"欠载停机"，则开始绘制该种工况下的电流卡片，105s时的电流卡片轨迹如图6-11所示。

若此时要停止测试，点击"停止测试"按钮，则软件停止电流卡片轨迹的绘制，且"停止测试"按钮显示为"开始测试"，若再次点击"开始测试"按钮，则继续电流卡片轨迹的绘制。通过观察电流曲线图可以让学生学习该种工况下的电流卡片特征。测试完，若想保存该种工况下的电流卡片以备以后查看，则点击"保存曲线"，弹出保存页面，通过点击相应路径，建立相应文件夹，从而将该种工况的电流卡片进行保存。

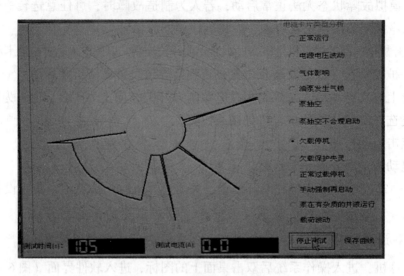

图 6 – 11　欠载停机的电流卡片

四、注意事项

（1）拧动回液管线上的阀门时，应避免用力过猛。

（2）调节出液压力时，应顺时针慢慢拧动回液阀红色手柄（图 6 – 12），并观察压力及流量变化，最大调节压力为 0.3MPa。

图 6 – 12　回液管线上的阀门

（3）每次启动前，必须检查出液阀门是否处于完全打开状态，以防止憋压。

（4）装置中用的液体，应尽量采用水垢、杂质较少的液体，以保证装置的美观及使用寿命。

（5）按下启动按钮 5s 后，如果泵体不工作，请立即关闭电源，以免烧坏电动机，如果反复开关后，还没有工作，需先把电源断开，拆开泵筒，检查电动机有无卡阻，有卡阻需先清理后在进行实验。

（6）试验结束后，请切断总电源。

四、主要技术参数

电动潜油离心泵采油仿真教学平台的主要技术参数见表 6 - 1。

表 6 - 1　电动潜油离心泵采油仿真教学平台的主要技术参数

外形尺寸（长 × 宽 × 高） mm × mm × mm	输入电压，V	最高压力，MPa	最大排量，m³/h
1200 × 1200 × 3200	220	0.3	2

思考题

1. 电动潜油离心泵采油由哪三大组成部分？
2. 简述电动潜油离心泵采油的工作原理。
3. 简述电动潜油离心泵采油的结构特点。
4. 电动潜油离心泵的排量取决于什么？
5. 控制屏的功能是什么？
6. 电流卡片的作用是什么？

参 考 文 献

[1] 周德胜. 电潜泵采油系统优化设计技术. 北京：石油工业出版社，2017.

[2] 赵海清. 电潜泵故障诊断专家系统. 北京：中国石油大学（北京），1993.

第七章
螺杆泵采油仿真教学

螺杆泵采油为油田生产中常用的举升方式之一，为有杆泵的一种。它的特点是流量平稳、压力脉动小、有自吸能力、噪声低、效率高、寿命长、工作可靠。而其突出的优点是输送介质时不形成涡流、对介质的黏性不敏感、可输送高黏度介质。本章主要通过学生对螺杆泵的观察及操作，使学生掌握螺杆泵的工作原理。

第一节　螺杆泵采油系统简述

一、螺杆泵

螺杆泵是由地面驱动装置匀速带动加强级抽油杆转动，驱动井下螺杆泵工作，达到抽吸地下原油的作用。螺杆泵具有结构简单、体积小、重量轻、使用维修方便、节约能源、价格低等特点，能泵送的液体种类较宽，包括高黏度油、高含脂油及含砂、含气原油，主要适用于稠油井、含砂井、高含气井的开采。

二、螺杆泵采油系统组成

螺杆泵采油系统按不同驱动方式可分为地面驱动和井下驱动两大类。地面驱动螺杆泵主要有皮带传动和直接传动两种形式。井下驱动螺杆泵可分为电驱动和液压驱动两种形式。目前油田最常用的是地面驱动井下单螺杆泵采油系统。

地面驱动井下单螺杆泵采油系统主要由电控部分、地面驱动部分、井下螺杆泵、配套工具四部分组成，如图 7 - 1 所示。单螺杆泵是一种内啮合偏心回转的容积泵，泵的主要构件为一根螺旋的转子和一个通常用弹性材料制造的具有螺旋内腔的定子，当转子在定于型腔内绕定子的轴线作行星回转时，转子、定子之间形成的密闭腔就沿转子螺线产生位移，因此就将介质连续地、均速地而且容积恒定地从吸入口送到压出端。

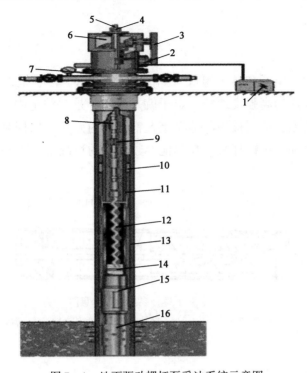

图 7 - 1　地面驱动螺杆泵采油系统示意图

1—电控箱；2—电动机；3—皮带；4—方卡子；5—光杆；6—减速箱；7—专用井口；8—抽油杆；9—抽油杆扶正器；
10—油管扶正器；11—油管；12—螺杆泵；13—套管；14—定位销；15—防脱装置；16—筛管

1. 电控部分

电控箱是螺杆泵井的控制部分，控制电动机的启、停。该装置能自动显示、记录螺杆泵井正常生产时的电流、累计运行时间等，有过载、欠载自动保护功能。

2. 地面驱动部分

地面驱动装置是螺杆泵采油系统的主要地面设备，是把动力传递给井下泵转子，使转子实现自转和公转，实现抽汲原油的机械装置。它根据变速形式不同，可分为无级调速装置和分级调速装置。机械传动的驱动装置主要由以下几部分组成：

（1）减速箱。减速箱的主要作用是传递动力，并实现一级减速。它将电动机的动力由输入轴通过齿轮传递到输出轴，输出轴连接光杆，由光杆通过抽油杆将动力传递到井下螺杆泵转子。减速箱除具有传递动力的作用外，还将抽油杆的轴向负荷传递到采油树上。

（2）电动机。电动机是螺杆泵井的动力源，将电能转化为机械能，一般用防暴型三相异步电动机。

（3）密封盒。密封盒的主要作用是防止井液流出，达到密封井口的目的。

（4）方卡子。方卡子的主要作用是将减速箱输出轴与光杆连接起来。

3. 井下螺杆泵

1）结构组成

井下螺杆泵主要由定子和转子组成，如图 7 - 2 所示。转子是由合金钢调质后经过车铣、抛光、镀铬而成的高强度螺杆。定子就是泵筒，是一种坚固、耐油、抗腐蚀的丁腈橡胶硫化后精磨成型，然后被永久地粘接在钢壳体内而成。螺杆泵根据转子的头数不同，分为单头螺杆泵和多头螺杆泵，在其他参数相同的情况下，多头螺杆泵比单头螺杆泵的每转排量要大。

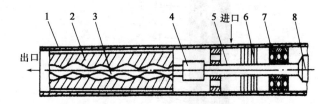

图 7 - 2　井下螺杆泵的结构示意图

1—泵壳；2—衬套；3—螺杆；4—偏心联轴节；5—中间传动轴；6—密封装置；

7—径向止推轴承；8—普通连轴节

2）工作原理

螺杆泵是靠空腔排油，即转子与定子间形成的一个个互不连通的封闭腔室，当转子转动时，封闭空腔沿轴线方向由吸入端向排出端方向运移。封闭腔在排出端消失，空腔内的原油也就随之由吸入端均匀地挤到排出端。同时，又在吸入端重新形成新的低压空腔将原油吸入。这样封闭空腔不断地形成、运移和消失，原油便不断地充满、挤压和排出，从而将井中的原油通过油管举升到井口。

4. 配套工具部分

（1）专用井口：简化了采油树，使用、维修、保养方便，同时增加了井口强度，减小了地面驱动装置的振动，起到保护光杆和换密封盒时密封井口的作用。

（2）特殊光杆：强度大，防断裂，表面粗糙度小，有利于井口密封。

（3）抽油杆扶正器：避免或减缓了抽油杆与油管的磨损。

（4）油管扶正器：减少油管柱振动和磨损。

（5）抽油杆防倒转装置：防止抽油杆倒扣。

（6）油管防脱装置：锚定泵和油管，防止油管脱落。

（7）防蜡器：延缓原油中石蜡和胶质在油管内壁的沉积速度。

（8）防抽空装置：地层供液不足会造成螺杆泵损坏，安装井口流量式或压力式抽空保护装置可有效地避免此现象的发生。

（9）筛管：过滤油层流体。

三、螺杆泵采油系统特点

螺杆泵是一种容积式泵，它运动部件少，没有阀件和复杂的流道，油流扰动小，排量均匀，由于缸体转子在定子橡胶衬套内表面运动带有滚动和滑动的性质，使油液中砂粒不易沉积，同时转子和定子间容积均匀变化而产生的抽汲、推挤作用使油气混输效果较好，在开采高黏度、高含砂和含气较大的原油时，同其他采油方式相比具有独特的优点。

1. 主要优点

（1）重量轻，一次性投资少，耗能低。

（2）结构简单，运动部件少，泵内无阀件和复杂的流道，所以水力损失小、故障率低、泵效高。

（3）地面装置结构简单，操作安全、管理方便，占地面积小，可直接座在井口套管四通上，有利于陆上丛式井和海上采油平台上使用。

（4）适应黏度范围广，可以举升稠油。一般来说，螺杆泵适合于黏度为 8000mPa·s（50℃）以下的各种含原油流体，因此多数稠油井都可应用。

（5）适应高含砂井。理论上，螺杆泵可输送含砂量达 80% 的砂浆。在原油含砂量高，最大含砂量达 40%（除砂埋外）的情况下螺杆泵可正常生产。

（6）适应高含气井。螺杆泵的自吸能力较强，能均匀地排液和吸液，溶解气不易从原油中析出，减小了气体对泵效影响；而且螺杆泵不会气锁，比较适合于油气混输，但井下泵入口的游离气会占据一定的泵容积。

（7）允许井口有较高回压。在保证正常抽油生产情况下，井口回压可控制在 1.5MPa 以内或更高，因此对边远井集输很有利。

（8）泵效高、节能、管理费用低。由于螺杆泵是螺旋抽油的容积泵，流量无脉动，轴向流动连续，流速稳定。因此，它与游梁式抽油机相比没有液柱和机械传动的惯性损失。泵容积效率可达 90%，它是现有机械采油设备中能耗最小、效率最高的机种之一。

2. 螺杆泵采油系统的局限性

（1）定子容易损坏，因此检泵次数多，而且每次检泵必须起下管柱，增加了费用。

（2）泵需要流体润滑，如果只靠低黏度的液体润滑而工作，泵过热会引起定子弹性体老化，甚至烧毁。

（3）定子的橡胶不适合在注蒸汽井中应用。

（4）不适合于深井。目前大多数应用在 1000m 左右的井，当泵深度大于 2000m 时，扭矩大，杆断脱率较高。

（5）设备制造技术要求高。

（6）排量较低。

第二节　螺杆泵采油仿真教学平台

一、学习目的

通过演示螺杆泵的采油过程及工作原理，使学生掌握螺杆泵的结构组成；通过改变转速直观地反映不同扬程下的容积效率。

二、结构组成及技术参数

1. 螺杆泵的结构组成

螺杆泵的结构如图7-3所示。

图7-3　螺杆泵的结构示意图

（1）驱动装置：驱动转子旋转的动力部件由驱动电动机、皮带、皮带轮、光杆、万向节组成，如图7-4所示。

（2）井下单螺杆泵：采油过程中的主要装置，由定子与转子组成，如图7-5所示。

（3）地面电气控制柜：控制螺杆泵的启停及调节转速，如图7-6所示。

（4）液体循环连接管汇：控制液体流量，调节循环压力。

（5）储液池：支撑泵体，存储和循环液体。

2. 螺杆泵的技术参数及要求

螺杆泵的总体外形结构和尺寸如图7-7所示。

（1）外形尺寸（长×宽×高）：800mm×500mm×2520mm。

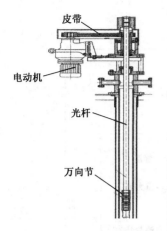

图 7 - 4 驱动装置

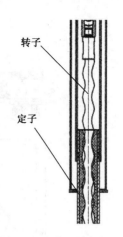

图 7 - 5 井下单螺杆泵

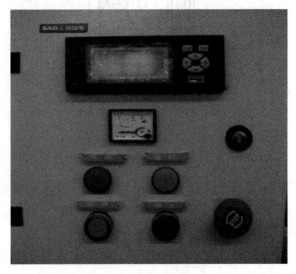

图 7 - 6 地面电气控制柜

（2）颜色：支架为天蓝色喷塑；管汇为浅黄色喷塑；井口四通为电动机灰喷塑；不锈钢阀门不进行表面处理。

（3）电气要求：输入电压为220V；电动机功率为0.75kW；设有启动、停止按钮并有相应指示灯，采用无级变频调速；采用电流变化曲线模拟现场问题。

（4）机械要求：总体构成包括支架总成、驱动部分、地下螺杆泵部分、流程管汇、水箱五部分。

（5）驱动部分：采用电动机、减速机直连式传动，能实现皮带涨紧并配有防护措施；配有光杆密封盒，能实现光杆密封等操作功能；井口四通采用焊接结构并经发蓝等防腐处理。

（6）地下螺杆泵部分：定子、转子配套，定子剖开一个导程，转子能观察到2个导

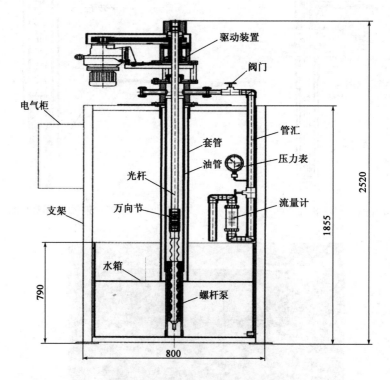

图 7 – 7　螺杆泵总体外形尺寸和结构

程的完整线形；万向节采用不锈钢材质，并能完全弥补转子的偏心运动；光杆表面光滑，并经镀铬等防腐处理；套管、油管部分采用有机玻璃管，能清晰观察到内部结构，连接部位要有密封结构，不得有渗漏。

（7）流程管汇：流程管汇采用不锈钢管件，阀门采用 316 材质球阀（2 个）；压力表采用外径 $\phi60$、量程为 0.5MPa 的不锈钢压力表；配有流量计，能实时观测管汇流量。

（8）水箱：水箱容积约为 180L；水箱采用不锈钢板材焊接而成，板材厚度不小于 2mm，并进行水密闭试验，不得有泄漏；水箱侧面配有 6 分不锈钢阀门。

三、操作步骤

螺杆泵采油仿真教学模型的操作步骤如下：

（1）检查电源线路连接是否正确、可靠。

（2）将回液管线的阀门完全打开，储液槽阀门完全关闭。

（3）将储液槽内清理干净，将工作介质注入储液槽，液面在标记线以上。

（4）右旋旋开总电源按钮（图 7 – 8 中红色"STOP"按钮），按下绿色变频启动按钮（图 7 – 9），按下变频器控制面板上的运行键"RUN"（图 7 – 9），调整变频器黑色旋钮（注意每次启动之前，要将变频器旋钮逆时针转到最小值），调节螺杆泵的运转速度，观察介质在设备中的运行情况（频率与排量的关系见图 7-10）；当有液体流出时，可适当调整回液管线的阀门来改变出口压力（不要超过 0.3MPa），用以观察螺杆泵出液口的压力变化情况。

（5）按下停止按钮，关闭总电源按钮。

（6）每次试验完毕，打开泵体上的阀门，将上部液体放空。

（7）若设备长时间不使用（超过 7 天），打开储液槽阀门，排空工作介质并清理储液槽，擦干设备。

图 7-8　电源控制面板

彩图 7-8　电源控制面板

图 7-9　调频控制面板

彩图 7-9　调频控制面板

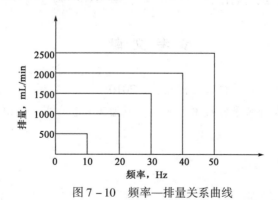

图 7-10　频率—排量关系曲线

四、注意事项

（1）设备启动时，保证回液阀（图 7-11 中靠近压力表的阀门）打开，放水阀关闭，拧动时，应避免用力过猛。

图 7-11 调压装置

（2）调节出液压力时，应慢慢拧动回液阀门，并观察压力变化，最大调节压力为 0.3MPa。

（3）每次启动前，必须检查出液阀门处于完全打开状态，以防止憋压。

（4）装置中用的液体，应尽量采用水垢、杂质较少的液体作为流体，以保证装置的美观及使用寿命。

（5）旋转变频器调速按钮时，应缓慢调节直至最高速（50Hz），尽量避免变频器的调速按钮停留在中间位置时间较长而损坏变频器。

（6）变频器启动 5s 后，如果泵体不工作，请立即关闭电源，以免烧坏电动机（必要时可联系厂家）。

（7）试验结束后，切断总电源，将泵筒上的放水阀打开（开放水阀时注意避免用力过猛），排空泵筒内的液体，避免管线内壁结垢，影响试验观察。

思考题

1. 简述螺杆泵的适用性。
2. 螺杆泵的系统组成是什么？
3. 简述井下螺杆泵的工作原理。
4. 简述螺杆泵采油系统的特点。
5. 简述螺杆泵采油系统的局限性。

参 考 文 献

[1] 李福天. 螺杆泵. 北京：机械工业出版社，2010.
[2] 徐建宁，屈文涛. 螺杆泵采输技术. 北京：石油工业出版社，2006.

第八章
修井仿真教学

修井仿真教学不仅可使学生对修井的井场布局、修井机的主要部件、井控装备、管汇安装等进行初步了解，还可通过演示操作修井仿真教学平台来加深学生对修井系统的认识。

修井仿真教学平台选用 XJ350 修井机作为制作蓝本，按比例设计制作，涉及修井、修井机械、自动控制、流体力学等多门学科，可实现钻井液循环、司钻操作、动力驱动、接根、打捞等功能。

第一节　修井仿真教学平台概况

一、实验科目

1. 演示井场布局

可较全面地演示修井现场所需的修井车、钻台、井控设备、循环冲洗设备及地面辅助设施的合理布局。

2. 动态演示修井作业各系统原理

（1）底座系统：演示为修井提供作业平台及与修井井架连接实现修井作业的结构原理。

（2）动力系统：演示为绞车、转盘和钻井泵提供动力的柴油机的布局设置和传输路径。

（3）传动系统：演示柴油机将动力传递给绞车、转盘的工作过程及原理。

（4）起升系统：演示钻进、起钻、下钻等动作过程。

（5）旋转系统：演示由转盘和水龙头组成的旋转系统带动方钻杆旋转的动作过程。

（6）循环系统：演示循环冲洗设备的合理布局及洗井液的循环过程。

（7）井控系统：演示井控装备的控制原理及控制流程。

（8）辅助系统：学生可亲自动手操作，以司钻操作台控制修井机的下钻、起钻、打捞、滑眼、倒划眼等操作。

二、主要技术参数

（1）提升系统最大绳系：3×4；

（2）提升系统滑轮外径：85mm；

（3）动力驱动形式：电动；

（4）实验台外形尺寸（长×宽×高）：3m×2m×3.35m。

第二节　修井仿真教学平台的结构组成

修井仿真教学平台主要包括修井设备、实验台、井筒、操作台等部件，如图8-1所示。

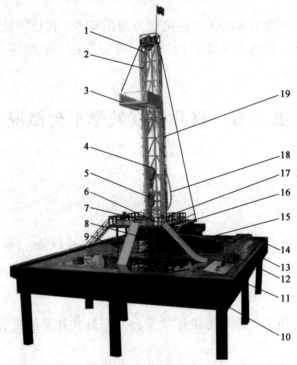

图8-1　修井仿真教学平台

1—天车；2—井架；3—二层台；4—游车大钩；5—水龙头；6—转盘；7—吊卡；8—封井器；9—底座；10—油管；
11—操作面板；12—橇装钻井泵；13—实验台；14—钻井液罐；15—洗井车；16—修井车；17—吊钳；
18—水龙带；19—立管

一、修井设备

1. 修井机

修井机是修井施工中最基本、最主要的动力来源，主要由动力驱动设备、传动系统设备、行走系统设备、地面旋转设备、提升系统设备、循环冲洗系统设备、控制系统设备和辅助设备组成(视频8-1)。

视频8-1 修井机

1) 动力驱动设备

动力驱动设备包括动力机及其辅助装置，主要包括柴油机、供油设备（油箱）、启动装置，如图8-2所示。

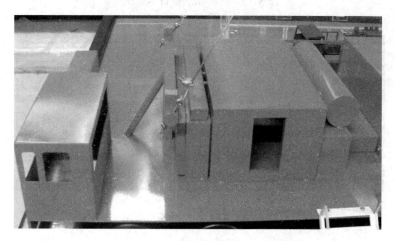

图8-2 动力驱动设备示意图

2) 传动系统设备

传动系统设备是一套协调的传动部件，它包括减速箱、行车机构、倒车机构与变速机构等。它的传动方式有机械传动、液力传动和液压传动。传动系统设备如图8-3所示。

3) 行走系统设备

行走系统设备由一套运行部件组成，包括底盘、驱动机与驱动轮等，如图8-4所示。

4) 地面旋转设备

地面旋转设备包括转盘、游车大钩、水龙头等，如图8-5所示。其作用是进行冲、钻、磨铣、套铣、打捞造扣等。

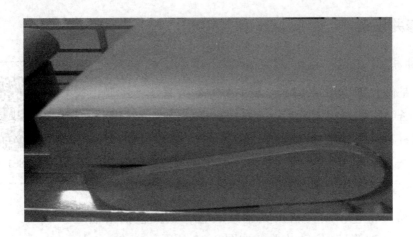

图 8-3 传动系统设备示意图

图 8-4 行走系统设备示意图

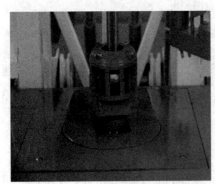  

(a)转盘　　　　　　　(b)游车大钩　　　　　　　(c)水龙头

图 8-5 地面旋转设备示意图

5）提升系统设备

提升系统设备包括提升设备（绞车、天车、井架、游车、钢丝绳）与井口起下操作机具，如图 8-6 所示。它的作用是起下井下管柱、钻具，更换采油树等。

(a)绞车   (b)天车   (c)井架

图 8 – 6 提升系统设备示意图

6) 循环冲洗系统设备

循环冲洗系统设备包括钻井泵、地面管线、水龙带、循环池、清水罐。其作用是完成井下作业,如冲砂、清蜡、洗井、压井、验吊、找漏、加深钻进等。循环冲洗系统设备如图 8 – 7 所示。

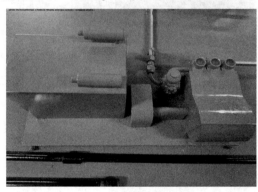 

(a)钻井泵   (b)水龙带

图 8 – 7 循环冲洗系统设备示意图

7) 控制系统设备

控制系统设备包括机械控制设备、气动控制设备、液动控制设备、电控设备、集中控制器、驾驶室、观察记录表（水温表、机油压力表、柴油压力表、气压表、指重表等），它的作用是协调各机组的工作。

8) 辅助设备

辅助设备包括值班房、照明设备、消防设备、配合井下作业的井口工具等。

2. 水龙头

水龙头通过提环挂在大钩上，上部通过鹅颈管与很长的水龙带相连，下部接方钻杆，连接下井钻具，是钻机中非常具有专业特点的设备。悬持旋转着的钻杆柱，承受大部分乃至全部钻具重量；向转动着的钻杆柱内引输高压钻井液，是提升、旋转、循环三大工作机组交汇的"关节"部件，在钻机组成中占有重要的地位，如图8-8所示。

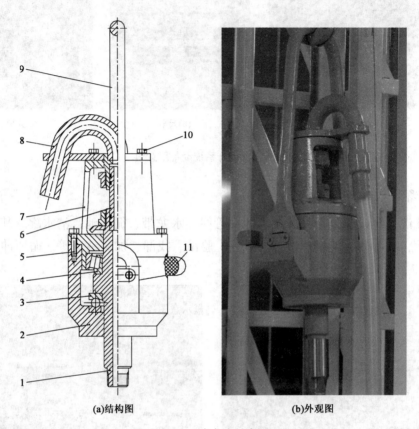

(a)结构图　　　　　　(b)外观图

图8-8　水龙头示意图

1—中心管；2—壳体；3—推力球轴承；4—圆锥滚子轴承；5、10—螺栓；6—浮动冲管；7—上盖；
8—鹅颈管；9—提环；11—缓冲器

水龙头主要由承载系统、钻井液系统、辅助系统三部分组成。

（1）承载系统主要包括中心管、方钻杆接头、壳体、耳轴、提环和主轴承等。井中钻具通过方钻杆加到中心管上；中心管通过主轴承座在壳体上，经耳轴、提环将载荷传给大钩。

（2）钻井液系统包括鹅颈管、钻井液冲管总成等。高压钻井液经鹅颈管进入冲管后，流进旋转着的中心管到达钻杆柱内。冲管总成上的上、下钻井液密封盒用以防止高压钻井液泄漏。

（3）辅助系统包括扶正和防跳辅助轴承、机油密封盒组件及上盖等。上、下辅助轴承对中心管起扶正的作用，保证其工作稳定，限制其摆动，以改善钻井液和机油密封的工作条件，延长其寿命。上辅助轴承是止推轴承，可承受钻修井过程中由钻杆柱传来的冲击和振动，防止中心管轴向窜跳。

浮动冲管总成是水龙头的关键组件，是将不随中心管转动的鹅颈管中的高压流体传送到旋转着的中心管中的转换装置。

3. 转盘

转盘是修井施工中的重要设备，是主要的钻具旋转动力来源。修井时以修井机发动机为主动力，带动转盘转动，方补心驱动钻具旋转，进行钻、磨、铣、套等的钻水泥塞、侧钻、磨铣鱼顶和鱼头及倒扣、套铣、切割管柱等作业，如图8-9所示。

图8-9 转盘示意图

转盘实际上是一个结构特殊的角型传动减速器，主要由水平轴总成、转台总成、主辅轴承和壳体等部分组成。动力经水平轴上的法兰或链轮传入，通过圆锥齿轮传动转台，借助转台通孔中的方补心和小方瓦带动方钻杆、钻杆柱和钻头转动，同时，小方瓦允许钻杆轴向自由滑动，实现钻杆柱的边旋转边送进，如图8-10所示。

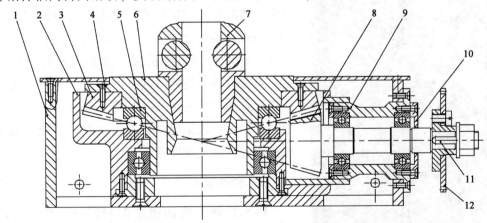

图8-10 转盘结构示意图

1—壳体；2—轴承座；3—大齿轮；4—螺钉；5—轴承；6—转台；7—滚子补心；8—齿轮轴；
9—套筒；10—轴承盖；11—平键；12—链轮

4. 橇装钻井泵

橇装钻井泵是将柴油机、变速箱、钻井泵、吸入及排出管汇、控制台等集中装配在一个底座上，结构紧凑、体积小、便于运输。修井过程中，主要用于循环钻井液、冲洗井底和鱼顶等，如图8－11所示。

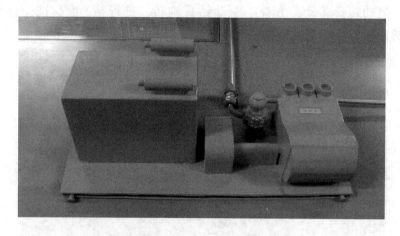

图8－11　橇装钻井泵示意图

钻井泵主要由动力端、连接箱、液力端三部分组成。

吸入和排出管汇系统采用预压式压力波动缓冲器，吸入管线防止灌注不良，产生气蚀现象。在排出管汇用于吸收压力波动，降低峰值压力，提高泵的输出功率。

5. 游车大钩

游车大钩（图8－12）是由游动滑车与大钩组成为一体的整体结构形式，其游车为单轴式，大钩为三钩式。具有整体尺寸小、结构紧凑、缩短了游动滑车和大钩的组合长度、便于充分利用井架高度、节省拆装大钩的时间、操作方便、更适宜于修井机配套使用等特点。其结构如图8－13所示，使用时将钩舌挡块旋向一边，扳下钩舌，挂上水龙头再将钩舌挡块复位即可。

6. 单滚筒绞车

绞车是修井机的重要配套部件，在修井过程中，担负着起下管柱、控制钻压、处理事故等各项作业。绞车主要由电动机、减速箱、传动齿轮副、滚筒等组成，如图8－14、图8－15所示。

图8－12　游车大钩示意图

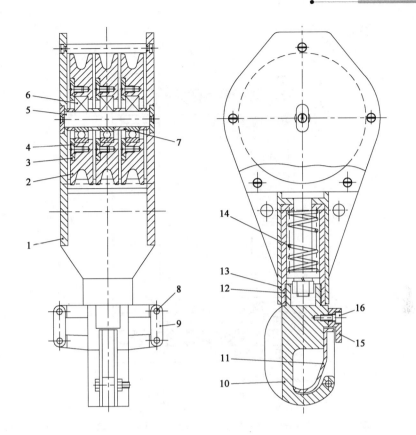

图 8 - 13　游车大钩结构示意图

1—侧板；2—滑轮；3—轴承盖；4—螺钉；5—滑轮轴；6—轴承；7—轴套；8—螺栓；9—耳板；

10—钩身；11—钩舌；12—筒体；13—吊环座；14—弹簧；15—钩舌挡块；16—内六角螺钉

图 8 - 14　单滚筒绞车示意图

7. 液压绞车

在单滚筒绞车旁边设有一台液压绞车，用于对井口工具等重物的提升和下放。

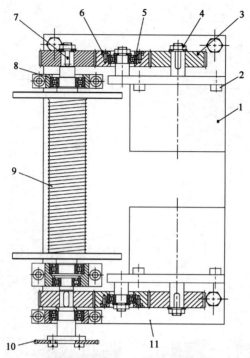

图 8 – 15　单滚筒绞车结构示意图

1—步进电动机；2—内六角螺钉；3—齿轮；4—螺母；5—轴承；6—螺钉；7—单圆头平键；
8—轴承座；9—滚筒；10—链轮；11—绞车底座

8. 吊环

吊环是起下修井工艺管柱时连接大钩与吊卡用的专用提升用具，一般用不低于 45#钢材质经锻造后正火处理而成，如图 8 – 16 所示。

9. 吊卡

吊卡（图 8 – 17）是用来卡住并吊起油管、钻杆、套管等的专用工具，在起下管柱时，用双吊环将吊卡悬吊在游车大钩上，吊卡再将油管、钻杆、套管等卡住，便于进行起下作业。

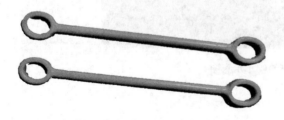

图 8 – 16　吊环示意图　　　　　　　图 8 – 17　吊卡示意图

10. 钻柱

（1）方钻杆。在修井作业中，方钻杆位于钻柱的最上端，其上部与水龙头相接，下部与钻杆连接，方钻杆的主要作用是传递转盘扭矩，承载钻柱的全部悬重。方钻杆由于所处工作条件非常繁重，应具有较高的抗拉、抗扭强度，因此方钻杆厚度一般比钻杆大3倍左右，用高强度优质合金钢制造。

（2）钻杆。钻杆是钻柱组成的基本单元，是传递转盘扭矩、游车提升、加压给钻具（钻头等）的直接承载部分，是完成修井工艺过程的基本配套专用管材。钻杆与工具组成钻杆柱，其重要作用是传递扭矩、输送工作液、完成修井工作要求。

11. 封井器

封井器（图8-18）属井下作业控制装置，用于对油气井实施压力控制，是对事故进行预防、监测、控制和处理的关键手段，是实现安全井下作业的可靠保证。

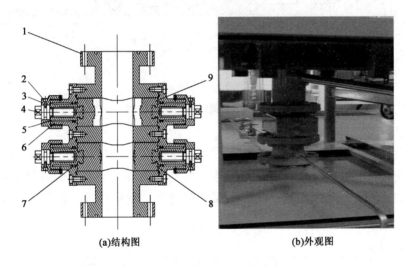

(a)结构图　　　　　　　　　　(b)外观图

图8-18　封井器示意图

1—壳体；2—定位销钉；3—压帽；4—丝杠；5—螺母；6—压盖；7—密封圈；8—全封闸板；9—半封闸板

该封井器包括一对全封闸板和一对半封闸板，可针对油气井内的实际情况实施封井操作。当井内无油管或钻杆时，发生井喷事故，可用扳手关闭下面的全封闸板，以闸板前端的密封胶皮相互接触并挤压变形来密封井眼。当在起放管柱过程中，发生井涌、井喷等事故时，可关闭上面的一对半封闸板，靠闸板前端的半圆形橡胶抱紧钻杆或油管来密封套管与钻杆或油管的环形空间，达到封井的目的。

12. 修井工具

修井工具是用于油水井大修的井下作业工具。在本系统中，设有内捞工具、外捞工具。

1) 对扣捞矛

对扣捞矛是专门用来捞取鱼顶为接箍的工具。它实质上是一种内外螺纹的对扣打捞。为便于对扣,卡瓦沿纵向开了若干个槽,每个槽间便是一个卡瓦片,依其弹性变形进入母扣。靠胀管和卡瓦内外锥面贴合后的径向胀力,保持对扣后的连接性能,从而捞取落鱼。

工具下井后,卡瓦下端锥角进入内螺纹时,卡瓦上行,迫使卡瓦内缩,卡瓦上的牙尖滑动,实现卡瓦下端外螺纹与接箍内螺纹的对扣。此后上提打捞管柱,胀管、卡瓦内外锥面贴合,产生径向胀力,阻止了对扣后的螺纹牙尖退出牙间,从而实现打捞,如图 8 - 19所示。

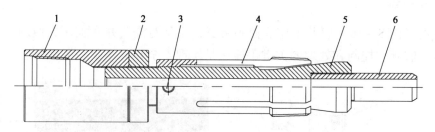

图 8 - 19　对扣捞矛结构示意图
1—上接头;2—调节环;3—紧定螺钉;4—捞矛牙;5—胀管;6—冲管

2) 活动外钩

活动外钩是用于从套管或油管内打捞各种绳类、提环、空心短圆柱体、短绳套等落物的工具,如钢丝绳、录井钢丝、电缆、深井泵衬套、刮蜡片等,如图 8 - 20 所示。

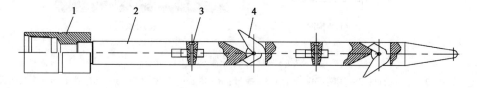

图 8 - 20　活动外钩结构示意图
1—上接头;2—矛杆;3—销轴;4—钩子

打捞落物时,将打捞管柱下放至打捞位置轻轻转动,使外钩插入绳类或其他落物内,上提打捞管柱,钩齿钩住落物而将其带出地面。

3) 卡瓦打捞筒

卡瓦打捞筒是从落鱼外壁进行打捞的不可退式工具,它除可以抓捞各种油管、钻杆、加重杆、长铅锤等落鱼外,还可以对遇卡管柱施加扭矩进行倒扣,如图 8 - 21所示。

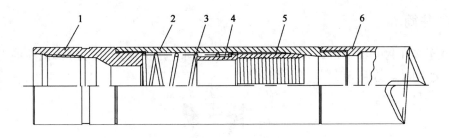

图 8 - 21　卡瓦打捞筒结构示意图

1—上接头；2—筒体；3—弹簧；4—扶正座；5—卡瓦；6—引鞋

　　当工具的引鞋引入落鱼后，下放工具，落鱼将卡瓦上推，压缩弹簧，使卡瓦脱开筒体锥孔上行并逐渐分开，落鱼进入卡瓦，此时卡瓦在弹簧力的作用下被压下，将鱼顶抱住，并给鱼顶以初夹紧力。上提打捞管柱，筒体上行，卡瓦、筒体内外锥面贴合，产生径向夹紧力，将落鱼卡住，提钻即可捞出。

13. 落鱼

　　为了配合修井操作训练，设计了内捞和外捞落鱼。使用时将专用投放杆拧入落鱼下部的内螺纹，投入井筒并正旋，使导向钉落入井筒座的导向槽内，而后反转投放杆，卸开投放杆与落鱼间的螺纹连接，提出投放杆将落鱼丢在井底，如图 8 - 22 所示。

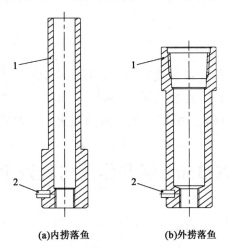

(a)内捞落鱼　　　　　(b)外捞落鱼

图 8 - 22　落鱼结构示意图

1—落鱼主体；2—导向钉

二、实验台

　　修井实验台是用于承载和摆放修井教学设备，学员进行实验学习的平台，面积是 3m×2m，用优质木材制成。

三、井筒

井筒连接在封井器下部，位于实验台内部空间，是实现修井打捞、钻井液循环的关键部件，如图 8 – 23 所示。

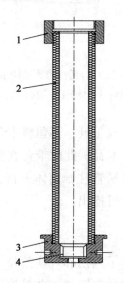

图 8 – 23 井筒结构示意图

1—上部接箍；2—井筒；3—井筒座；4—导向槽

四、操作台

操作台是用于控制修井设备实现旋转、打捞、起钻、下钻等动作的一台操作设备，可作为学生修井操作训练台。其控制面板如图 8 – 24 所示，操作按钮包括电源开关、转盘的启停和正反转、防碰释放、井底照明、故障报警、绞车的上提下放。

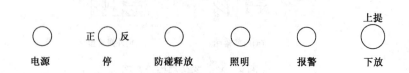

图 8 – 24 修井操作控制面板示意图

操作时，应先按下电源按钮，给系统供电。然后可根据需要启动转盘正反转，启动绞车起钻或下钻。为了防止游动系统碰天车，在天车下方设置防碰开关，一旦游车碰到限位开关绞车即自动停止刹车并声音报警。如继续操作绞车，须按下防碰释放按钮。按下照明按钮，井筒照明灯点亮。

第三节　修井作业的操作步骤及注意事项

修井仿真教学平台（视频8-2）是一套用于修井教学的整体系统，各部分都应配合操作，因此，对该平台的操作必须严格按照操作步骤进行，操作前的准备如下：

（1）操作前应检查各运动部件是否有羁绊，以免损坏电动机，扯断导线；

（2）操作前应检查井架是否连接牢固，如有松动，应拧紧连接螺栓；

（3）操作前应检查修井车是否固定牢固、摆放正确，如有偏差，应及时调整；

（4）操作前应检查水龙头主轴是否运转灵活，如有卡阻，应及时调整。

视频8-2　修井仿真
教学平台

一、修井作业

修井作业主要有以下几个方面的操作：

（1）起下管柱。用吊升系统将井内的管柱提出井口，逐根卸下放在油管桥上，经过清洗、丈量、重新组配和更换下井工具后，再逐根下入井内的过程。

（2）压井。将具有一定性能和数量的液体泵入井内，依靠泵入液体的液柱压力相对平衡地层压力，使地层中的流体在一定时间内不能流入井筒，以便完成某项施工。

（3）冲砂。向井内高速注入液体，靠水力作用井底沉砂冲散，利用液流循环上返的携带能力，将冲散的砂子带到地面的施工。

（4）洗井。在地面向井筒内打入具有一定性质的工作液，把井壁和油管上的结蜡、死油、铁锈、杂质等脏物混合到洗井工作液中带到地面的过程。

（5）打捞。用专用的打捞工具进行井下落鱼的打捞作业，可以实现对于不同的落鱼形状选用不同的打捞工具，主要是对杆式落鱼、管式以及绳类落鱼的打捞。

二、司钻操作

按下"电源"按钮，给系统供电。

1. 起管柱操作

若将油管或钻杆从井内起出，或将油管或钻杆下入井内，须拆掉水龙头，取走滚子补心，挂上吊环，与吊卡配合作业，如图8-25、视频8-3所示。

（1）将吊卡卡在油管接箍或钻杆接头台肩下部，并扣好吊

视频8-3　起管柱操作

卡，挂上吊环，并插好保险销。

（2）将绞车手柄开关扳至"上提"位后，单滚筒绞车旋转，游动系统上行，上提管柱。

（3）当油管接箍或钻杆接头露出钻台 100～150mm 时，将另一吊卡卡在油管接箍或钻杆接头台肩下部，并扣好吊卡。卸扣，把上部油管或钻杆下放至地面摆放架，并卸下吊卡。

（4）将游动系统下放至井口位置，挂上吊环并插好保险销，重复步骤（1）～步骤（4）。

(a)步骤(1)　　　　　(b)步骤(2)　　　　　(c)步骤(3)

图 8 – 25　起管柱操作流程示意图

2. 下管柱操作

下管柱操作是起管柱的逆过程，如图 8 – 26、视频 8 – 4 所示。

视频8-4 下管柱操作

（1）将吊卡卡在待下井的油管接箍或钻杆接头台肩下部，并扣好吊卡，挂上吊环，并插好保险销。

（2）将绞车手柄开关扳至"上提"位后，单滚筒绞车旋转，游动系统上行，将油管上提至钻台上方距离钻台面 100～150mm 高处。

（3）将要下放的油管或钻杆对准井眼，扳绞车手柄至"下放"位，游动系统下行，下放管柱。

（4）当吊卡座在钻台上时，扳绞车手柄至"停止"位。重复步骤（1），将绞车手柄开关扳至"上提"位后，单滚筒绞车旋转，游动系统上行，将油管上提至钻台上方，与井中管柱对扣，旋紧螺纹。

（5）重复步骤（3）、步骤（4）。

(a)步骤(1)

(b)步骤(2)

(c)步骤(3)

(d)步骤(4)

图 8 - 26　下管柱流程示意图

3. 接根操作

　　进行修井作业时，如需更换打捞工具或连接钻杆或油管时，必须进行接根作业，如图 8 - 27 所示。

图 8 - 27 接根操作示意图

（1）用吊卡卡住待连接的钻杆接头或油管接箍处，上提，待钻杆或油管竖直后慢慢下放，将管柱下入井中，并将吊卡平稳地坐在钻台上，拔出安全挡销，将吊环从吊卡上摘下，换另一吊卡，重新插好安全挡销。

（2）用吊卡卡住待连接的钻杆接头或油管接箍处，上提，钻杆竖直后慢慢下放，使钻杆或油管的外螺纹与井口上的内螺纹对接，拧紧，其螺纹的松紧程度以轻轻拧紧，螺纹密封处不渗不漏为准。

（3）重复步骤（1）、步骤（2），直到完成所有单根的连接工作，最后将吊卡再次坐在井口上，拔出安全挡销，将吊环从吊卡上摘下，下放管柱，将水龙头与油管相连，并用管钳拧紧。

单根的拆卸步骤按上述步骤的逆序操作，在此不再赘述。

4. 打捞作业

（1）将相应落鱼用专用投捞杆投入井底。

（2）将打捞工具连接在油管下端，绞车下放，待工具离鱼顶 100～200mm 时，透过观察口观察落鱼打捞情况。当打捞工具吃入落鱼后，可试提管柱。若落鱼未打捞成功，则再次下放工具重复上述步骤。上提管柱时，注意观察钻柱的运动情况，以免卡钻。

（3）对于落井的电缆、绳类等落物，采用活动外钩进行打捞。要求在下放管柱时观察管柱的运动情况。如有遇阻，应立即上提管柱 100～200mm，然后旋转 90°～120°，再次下放—上提—转动—下放，如此反复几次，然后上提管柱即可。

（4）一种打捞作业训练完成后，可投另一种落鱼，重复步骤（1）～（3），继续下一组训练，如图 8 - 28、视频 8 - 5 所示。

视频8-5 打捞作业

图 8 - 28　打捞作业示意图

三、修井实验台使用时的注意事项

（1）不允许踩压修井实验台；

（2）实验前请检查各部分接线，特别是检查市电部分是否连接可靠，注意接地；

（3）操作时应严格按照实验步骤进行；

（4）不要触摸运动中的部件；

（5）实验过程中如发现转盘、绞车不转应立即停车，以免烧毁电动机；

（6）实验过程中发现乱绳后应立即停机检查；

（7）设备长时间不用时，应保持实验台和控制台洁净卫生。

四、日常维护与保养

1. 日常维护

1）单滚筒绞车

单滚筒绞车传动齿轮副为开式传动，为保证其良好的润滑，须定期向单滚筒绞车减速齿轮处注加润滑油，并定期检查齿轮的润滑部位。

2）转盘传动机构

转盘传动机构为锥齿轮传动和链传动，为保证其良好运行，须定期向链条和链轮加注适量的机油。其结构如图 8 - 29 所示。

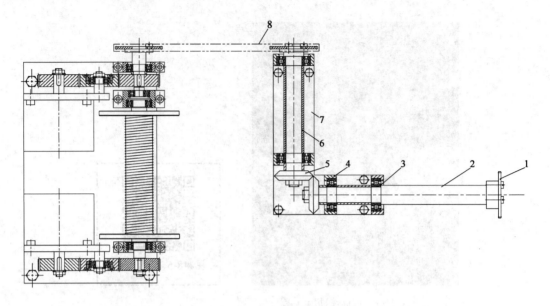

图 8-29　转盘传动机构结构示意图

1—链轮；2—输出轴；3—轴承座；4—轴承；5—锥齿轮；6—轴套；7—底座；8—传动链

3）转盘

转盘的运动部件包括四副轴承和一对锥齿轮，应定期向轴承、锥齿轮、链轮和滚子补心的滚子处加适量的润滑油。

4）水龙头

为保证修井作业的顺利进行，水龙头的主轴必须转动灵活。因此，必须定期检查主轴的运行灵活性，并定期向轴承和浮动冲管处加注机油进行润滑。

2．修井工具的保养

1）对扣捞矛

每次用完后，必须拆卸清洗检查，擦干后涂油组装，并放置于阴干处保存。

2）活动外钩

工具使用完毕后，将全部零件清洗干净，检查螺纹接头是否完好，钩子有无损坏，如有损坏应立即修复。各件擦干后应置于阴干处保存。

3）卡瓦捞筒

工具起出地面后将鱼顶从工具内取出，将卡瓦、筒体、弹簧等擦干涂油后组装，然后进行卡瓦的运动灵活性检查，合格后放于阴干处保存。

4）油管和落鱼

管柱起出地面后，将油管和落鱼擦干后，螺纹处涂抹黄油保养，并置于阴干处保存。

五、修井仿真教学平台使用时的注意事项

（1）对修井机的起升系统应定期检查，如钢丝绳、游车、大钩的锁销等，应确保各部分连接可靠，以免在实训过程中发生危险，酿成事故。如发现钢丝绳有破损，应立即更换。

（2）接根时，注意在螺纹上涂抹适量的黄油，勿过度拧紧螺纹，以防黏扣后无法拆卸。

（3）上提管柱时，请注意游动系统的高度，防止游车与天车相碰。

（4）下放管柱时，请注意游动系统的高度，禁止无休止的下放。

（5）正常作业训练时，禁止攀爬井架，以免发生危险。

（6）进行打捞作业前，确保向井内投放的落鱼与打捞工具相对应，否则，将无法实现打捞。

（7）该设备禁止学生独自操作，必须由指导教师许可后方可开机操作。

（8）如果该设备长时间不用，请将游动系统停放在最下端，以免游动系统悬空下落，砸坏设备或酿成伤人事故。

（9）设备在启用前，请检查各连接螺栓是否松动，避免螺栓脱扣。

（10）设备在启动前，请检查各电动机是否旋转正常，如果通电后，电动机不旋转，应立刻停车，以免烧坏电动机。

（11）请保持设备洁净，禁止用较锋利的工具割、划司钻操作台、修井井架等修井教学设备。

思考题

1. 修井平台系统的组成有哪些？
2. 修井机的组成是什么？
3. 简述水龙头的作用特点。
4. 转盘的主要作用是什么？
5. 对扣捞矛的主要作用是什么？
6. 钻杆的作用是什么？
7. 试述打捞作业的步骤。
8. 试述接根的操作步骤。

参 考 文 献

[1] 韩国庆，檀朝东．修井工程．北京：石油工业出版社，2013．

[2] 吕凤滨，黄树．修井作业技术．东营：中国石油大学出版社，2015．

[3] 大庆油田有限责任公司人事部．修井作业技术员业务培训手册．北京：石油工业出版社，2017．

第九章
注采工具模型

井下注采工具模型可演示采油、配水工艺过程中所使用的各类工具的用途、内部结构、工作原理以及工具之间的组合使用等。该模型应用在采油和采油机械教学中，改变了传统的课堂抽象教学模式——由过去单纯从书本上理解转变为使学生看得见、摸得着、自己动手拆装、生动具体的教学模式。同时，该系列模型的使用避免了现场生产实习时学生看不懂生产工具、实习时间过长等问题。

第一节　注采工具模型简述

一、实验科目

（1）动态演示各类采油工具的功能及其机构。

（2）动态演示各种工具的工作原理。

（3）学习了解各个工具在采油作业中的用途。

（4）学习了解采油工具在井下的安装工艺。

（5）在教师的指导下进行局部拆装，提高学生的动手能力。

二、主要技术参数

注采工具的技术参数见表9-1。

表9-1 注采工具的技术参数

序号	设备名称	型号	规格，mm	序号	设备名称	型号	规格，mm
1	Y341型封隔器	Y341	$\phi80\times800$	26	单流阀	DLF	$\phi60\times93$
2	Y443型封隔器	Y443-F	$\phi80\times357$	27	油管扶正器	FZQ	$\phi80\times295$
3	Y111封隔器	Y111	$\phi80\times477$	28	缓冲器	KHC-114	$\phi70\times600$
4	Y211封隔器	Y211	$\phi80\times1032$	29	油管悬挂器	实物	
5	Y141型封隔器	Y141	$\phi80\times650$	30	喇叭口	LBK	$\phi80\times100$
6	Y221型封隔器	Y221	$\phi80\times1036$	31	杆式抽油泵	GAB	$\phi70\times688$
7	K341型封隔器	K341	$\phi80\times650$	32	管式抽油泵	GUB	$\phi70\times1155$
8	桥式配产器	SL0652	$\phi70\times547$	33	水力射流泵	SLB	$\phi79\times515$
9	偏心配产器	KPX-C	$\phi80\times698$	34	离心式分离器	LFQ	$\phi70\times675$
10	空心配水器	KKX-106	$\phi60\times335$	35	螺杆泵	LGB	$\phi65\times505$
11	固定配水器	KGD-P	$\phi70\times490$	36	气举阀	QJF	$\phi60\times393$
12	泄油器	KZJ-90	$\phi60\times130$	37	脱接器	KSQ	$\phi54\times439$
13	喷砂器	PSQ	$\phi80\times260$	38	潜油电动机	QYD	$\phi68\times437$
14	水力锚	KMZ	$\phi80\times300$	39	潜油电动机保护	DBQ	$\phi69\times544$
15	筛管	SG	$\phi60\times300$	40	水力活塞泵	SHB	$\phi70\times540$
16	KDK安全接头	KDK	$\phi70\times184$	41	KNH活门	KNH	$\phi70\times400$
17	丢手接头	YMO351	$\phi70\times180$	42	沉降式分离器	CFQ	$\phi70\times342$
18	油管堵塞器	KGD	$\phi80\times456$	43	补偿器	BCQ	$\phi75\times400$
19	撞击筒	CJT	$\phi70\times445$	44	连通器	KQS	$\phi70\times350$
20	滑套节流器	KGD-J	$\phi70\times300$	45	KHT堵水器	KHT	$\phi75\times517$
21	爆破滑套	BHT	$\phi70\times230$	46	支撑器	KGA	$\phi80\times686$
22	导向丝堵	DST	$\phi60\times85$	47	释放接头	SFJ	$\phi75\times120$
23	固定球座	GFE	$\phi60\times100$	48	洗井器	XJQ	$\phi131\times492$
24	防顶卡瓦	FDKW	$\phi80\times425$	49	滚轮式抽油杆	CFQ	$\phi58\times546$
25	KHD常关滑套	KHD	$\phi70\times410$				

第二节 注采工具的功能、结构及工作原理

一、抽油泵

1. 管式抽油泵

1）结构

管式抽油泵是最常用的一种有杆抽油泵，它的泵筒直接接在油管柱下端，柱塞随抽油杆下入泵筒内。管式抽油泵的结构组成如图9-1所示。

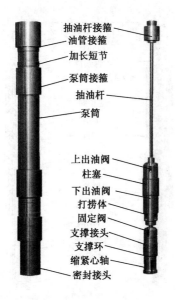

图9-1 管式抽油泵

2）特点

管式抽油泵的特点是把外筒和衬套在地面组装好并接在油管下部先下入井内，然后投入固定阀，最后把柱塞接在抽油杆下端下入泵内。

3）工作原理

管式泵柱塞做上下往复运动，分为上冲程和下冲程。

上冲程时，柱塞在抽油杆的带动下向上移动，上出油阀和下出油阀在柱塞上面液柱载荷的作用下关闭，固定阀在沉没压力的作用下打开，柱塞让出泵筒内的容积，原油进入泵筒，完成泵的吸入过程，同时，在井口将排出相当柱塞冲程长度的一段液体。

下冲程时，抽油杆带动柱塞向下移动，液柱载荷从柱塞上转移到油管上，在泵内液体压力的作用下，上、下出油阀打开，固定阀关闭，泵内的液体排出泵筒，完成泵的排出过程。柱塞连续上、下往复运动，将井液不断地抽汲到井口，进入集输系统中。

管式泵的理论排量大，一般用于供液能力强、产量较高的浅、中深油井，作业时必须起出全部油管。

2. 杆式抽油泵

1）结构

杆式抽油泵的结构比较复杂，如图9-2所示。

2）特点

杆式抽油泵的特点是将整个泵在地面组装好，并接在抽油杆的下端，整体通过油管

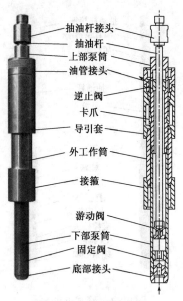

图 9-2 杆式抽油泵

下入井内，然后由预先装在油管预定深度的卡簧固定在油管上，检泵时不需要起油管。

3）工作原理

上冲程：柱塞在抽油杆的带动下向上移动，上出油阀和下出油阀在柱塞上面液柱载荷的作用下关闭，固定阀在沉没压力的作用下打开，柱塞让出泵筒内的容积，原油进入泵筒，完成泵的吸入过程，同时，在井口将排出相当柱塞冲程长度的一段液体。

下冲程：抽油杆带动柱塞向下移动，液柱载荷从柱塞上转移到油管上，在泵内液体压力的作用下，上、下出油阀打开，固定阀关闭，泵内的液体排出泵筒，完成泵的排出过程。柱塞连续上、下往复运动，便将井液不断地抽汲到井口，进入集输系统中。

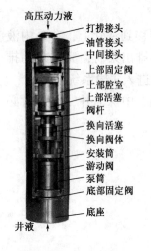

图 9-3 水力活塞泵

3. 水力活塞泵

1）功能

水力活塞泵是液压传动的往复式抽油装置。它是利用高压动力液经油管驱动安装在井下的液压马达往复运动，液马达活塞再通过活塞杆带动抽油泵活塞往复运动抽油。

2）结构

水力活塞泵的结构组成如图 9-3 所示。

3）工作原理

水力活塞泵分为上、下两个工作冲程。

上冲程时，当活塞下行到一定位置，此时阀杆上的沟通槽移至换向活塞的下部，由于沟通槽将上下腔沟通，动力液通过沟通槽推动换向活塞上移直至堵死上部活塞动力液出口，活塞在动力液的作用下上移完成上冲程。

下冲程时，高压动力液沿油管通过打捞头、中间接头、上部腔体的进液通道进入上部腔体推动换向活塞下行，打开动力液出口，此时动力液与通过游动阀排出的部分井液混合进入上部活塞的上腔体内，在压差的作用下推动活塞下行，完成下冲程。

在上冲程时，井液经下部固定单向阀吸入泵的下腔体内；在下冲程时，下部固定阀关闭，游动阀打开，排出井液。所排出的井液少部分与动力液混合进入活塞上腔，大部分经油管出口排出至油套管环形空间。

4. 水力射流泵

1）功能

水力射流泵（也称喷射泵）是利用射流原理将注入井内的动力液的能量传递给井下油层产出液的无杆水力采油设备。

2）结构

水力射流泵的结构组成如图9-4所示。

3）工作原理

外注高压流体经油管进入射流管后，流速逐渐增大，压力减小，进入混合管时，形成一个低压区，使得井内原油经阀座、阀密封件、吸入管与混合管之间的空腔进入混合管，与外注流体混合向混合管下端流动，流速逐渐降低，压力逐渐回升，再由混合管进入油套管环形空间，被压至地面，完成采油过程。

5. 螺杆泵

1）功能

螺杆泵适用于高黏度、大气油比、高含砂量的抽油开采。

2）结构

螺杆泵的结构组成如图9-5所示。

3）工作原理

泵的转子与抽油杆连接，定子与油管连接。通过抽油杆的旋转带动转子在定子内旋转。转子与定子啮合，形成一系列由转子和定子的接触线所密封的腔室。随着转子的转动，泵入口处不断形成敞开室，在沉没压力作用下不断被井液充满，并逐渐形成密封腔向泵排出端移动，将井液排出井口。

二、封隔器

封隔器是用于井下层与层之间封隔的设备，主要由固定、密封和控制三个部分组

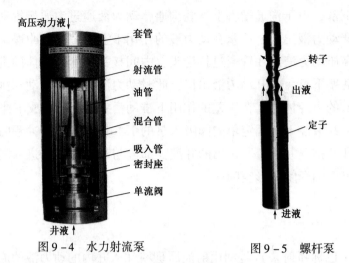

图9-4 水力射流泵　　　　图9-5 螺杆泵

成。用途不同，各类封隔器的结构也不同。按封隔件工作原理的不同，封隔器可以分为自封式、压缩式、楔入式和扩张式。自封式靠封隔件过盈和压差实现密封外径与套管内径的；压缩式靠轴向力压缩封隔件使其直径变大；楔入式靠楔入件楔入密封件，使封隔件直径变大；扩张式将一定的液体压力作用于密封件的内腔使密封件直径变大。

1. Y111 型封隔器

1）结构

Y111 型封隔器的结构如图9-6所示。

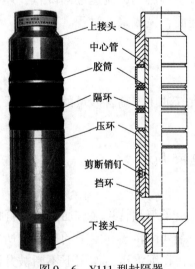

图9-6　Y111 型封隔器

2）工作原理

Y111 型封隔器须借助卡瓦式封隔器或支撑卡瓦和井底套管咬合位置为支撑点。坐封时，将封隔器下入井筒预定位置，上提管柱一定高度，以卡瓦封隔器或井底为支撑点，下放管柱，此时下接头和压环由于有支撑点支撑而固定不动，但中心管和挡环却随着管柱一起下行，剪断销钉被剪断，挡环沿着下接头内的轨道依靠管柱重量下行并且带动中心管、上接头一起下行，压缩胶筒使胶筒径向胀开密封油套管环形空间；解封时，上提管柱，胶筒回缩，即可取出封隔器。

2. Y141 型封隔器

1）结构

Y141 型封隔器的结构如图 9-7 所示。

2）工作原理

Y141 型封隔器为支撑和液压坐封相结合的压缩式封隔器，它解决了支撑式封隔器不能实现多级使用的缺点，又具有上提管柱解封的优点。该封隔器须借助卡瓦式封隔器或支撑卡瓦为支撑点。

坐封：封隔器下至设计位置后，从油管加液压，液压油通过上中心管上的出液孔作用在活塞上，液压力推动活塞上行，销钉被剪断，压缩胶筒使胶筒径向胀开密封油套管环形空间，泄压后活塞套上的卡瓦与卡环锁紧，防止封隔器回弹，实现坐封。

解封：上提管柱，上中心管相对悬挂体上行，锁块被挤出，胶筒缩回，实现解封。

3. Y211 型封隔器

1）结构

Y211 型封隔器属卡瓦支撑式封隔器，如图 9-8 所示。

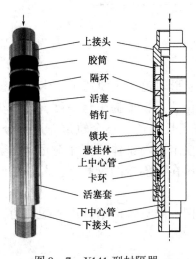

图 9-7　Y141 型封隔器

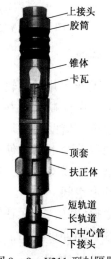

图 9-8　Y211 型封隔器

2）工作原理

坐封：封隔器下井时，轨道销钉处于下中心管的短轨道上死点，卡瓦被锁球锁在下中心管上，保证顺利下井。当下至设计位置时，上提油管一定高度，轨道销钉滑入短轨道下死点，下放管柱，轨道销钉在扶正体与套管摩擦力的作用下滑入长轨道并相对下中心管上移，同时带动顶套推动挡球套上移，使锁球脱离下中心管而使卡瓦与锥体产生相对运动，卡瓦张开在套管内壁上形成支撑点，同时管柱的部分重量压在封隔器的胶筒上使胶筒径向胀开密封油套管环形空间。

解封：上提管柱，胶筒回缩，即可取出封隔器。

4. Y221 型封隔器

1) 结构

Y221 型封隔器（视频 9 – 1）属卡瓦支撑式封隔器，其结构如图 9 – 9 所示。

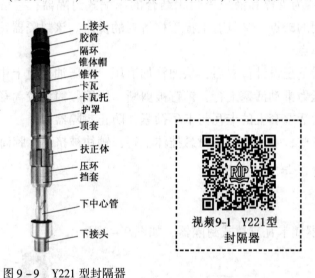

图 9 – 9　Y221 型封隔器

2) 工作原理

坐封：封隔器下井时，轨道销钉位于下中心管 J 形轨道的短轨道上，卡瓦被锁球锁在下中心管上，保证顺利下井。当封隔器下至预定位置后，上提坐封高度，边正转边下放油管，轨道销钉借助摩擦块与套管的摩擦力，进入长轨道，整个轨道总成部分上移，带动顶套推动挡球套上移，使锁球脱离下中心管而使卡瓦与锥体产生相对运动，卡瓦张开在套管内壁上形成支撑点，同时管柱的部分重量压在封隔器的胶筒上使胶筒径向胀开密封油套管环形空间。

解封：上提油管，卡瓦在锥体燕尾槽作用下缩回，同时轨道销钉进入短轨道，封隔件靠自身弹性收缩即可起出。

5. Y341 型封隔器

1) 结构

Y341 型封隔器（视频 9 – 2）采用液压平衡方式，提高了封隔器的双向承压能力。

它采用液压坐封，上提管柱解封。其结构如图9-10所示。

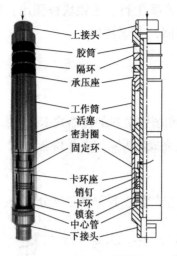

视频9-2　Y341型封隔器

图9-10　Y341型封隔器

2）工作原理

坐封：封隔器下至设计位置后，从油管加液压，液压力推动活塞上行，活塞推动工作筒、承压套，压缩封隔器胶筒，使胶筒径向胀开密封油套管环形空间，泄压后卡环卡在锁套上将其锁紧，防止封隔器回弹，实现坐封。

解封：上提管柱，中心管随管柱一起上行，销钉被剪断，封隔器胶筒复位，实现解封。

6. Y341型可洗井封隔器

1）功能

Y341型可洗井封隔器用于分层注水管柱。

2）结构

Y341型封隔器主要由上接头、销钉、活塞、胶筒、单流阀、下接头等组成，如图9-11所示。

3）工作原理

坐封时，从油管憋压，锚爪外伸，锚定在洗井套环形槽内壁上。同时，液流由短节和下中心管的出液孔作用在上、下活塞的端面上，销钉被剪断，推动锁套上行，压缩胶筒，使其径向胀开，实现坐封。此时，锁套上的内锯齿牙正好卡在卡环上，防止胶筒回缩。

反循环洗井时，洗井液由油套管环形空间经洗井套上的进液孔作用在洗井活塞上，推动活塞上行，打开洗井通道。

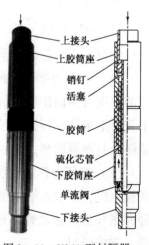

图9-11　Y341型封隔器

洗井液即由外中心管与上中心管的环形空间，经锁套上的出液孔流出。

解封时，上提管柱，上接头带动上中心管上行，上锁块被顶出，解封锁块从卡环座的环形槽里滑落，卡环下行解卡，胶筒缩回，实现解封。

7. Y443 型封隔器工作组

1）功能

Y443 型封隔器工作组是一种液压坐封和磨铣解封的压缩式卡瓦支撑封隔器。封隔器安装时必须与加力器和坐封器配套使用，安装完成后拆除加力器和坐封器，下入管柱连接。

2）结构

Y443 型封隔器工作组主要由加力器、坐封器、封隔器三部分组成，如图 9 – 12 所示。

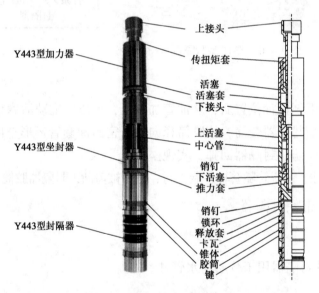

图 9 – 12　Y443 型封隔器工作组

3）工作原理

坐封：工具总成下至设计位置后，从油管加液压。

（1）液压力推动坐封器上的上、下活塞下行，坐封器销钉被剪断，下液压缸和推力套的下推力共同作用在封隔器的释放套上，封隔器销钉被剪断，释放套带动锁环推动上卡瓦沿上锥体下行径向张开而在套管内壁上形成支撑点，同时锁环内牙和中心管外牙锁紧防止封隔器回弹。

（2）液压力作用在加力器上的传扭矩套上，带动活塞套和下接头上行，封隔器中心管被上提，下卡瓦沿下锥体上行径向张开挤压套管内壁，同时压缩封隔器胶筒，使胶筒径向胀开密封油套管环形空间，泄压后下卡瓦在套管内壁上形成支撑点防止封隔器回弹，完成坐封。

解封：下专用磨铣工具磨掉锁环，封隔器胶筒回缩，上提管柱即可解封。

8. K341 型封隔器

1）结构

K341 封隔器主要由上胶筒座、销钉、活塞、单流阀等组成，如图 9 – 13 所示。

2）工作原理

坐封：封隔器下至设计位置后，从油管加液压，通过下接头上的单流阀作用在下胶筒座上，液压力推动下胶筒座上行，压缩封隔器胶筒，使胶筒径向胀开密封油套管环形空间，由于单流阀的作用泄压后使得液压油不能回流，防止封隔器回弹，实现坐封。

解封：上提管柱，销钉被剪断，活塞在液压力的作用下上行，液压油通过上胶筒座上的泄油孔被排出，下胶筒座腔室内压力降低，封隔器胶筒回缩，实现解封。

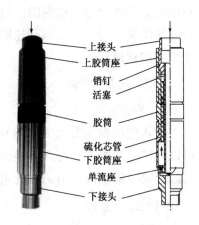

图 9 – 13　K341 型封隔器

（上接头、上胶筒座、销钉、活塞、胶筒、硫化芯管、下胶筒座、单流座、下接头）

三、配产器

1. 偏心配产器

1）结构

偏心配产器主要由偏心工作筒和堵塞器两部分组成，如图 9 – 14 所示。偏心配产器主要用于分层试油、采油、找水和堵水。

2）工作原理

正常配产：堵塞器靠其主体的偏心孔台阶坐于工作筒主体的偏心上，凸轮卡于偏孔上部的扩孔处，堵塞器主体上、下两组密封圈封住偏孔的出液槽。正常生产时，各层段油流从油套管环形空间经各级配产器偏心工作筒主体的偏孔、堵塞器主体的进液槽、油嘴和出液槽方向流进油管，从而起到控制压差分层配产的作用。

投堵塞器：将打捞器的投捞头安装投送器，把堵塞器的头部插入投送器内，二者用剪钉连接好。然后按上述施工步骤将堵塞器下入工作筒主体的偏心孔内。上提投捞器，凸轮的支撑面已卡在偏心孔内的上部扩孔。结果剪钉被剪断，堵塞器留于工作筒内，投捞器被起出。

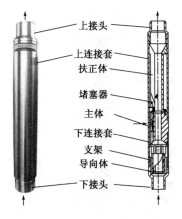

图 9 – 14　偏心配产器

（上接头、上连接套、扶正体、堵塞器、主体、下连接套、支架、导向体、下接头）

捞堵塞器：将投捞器的投捞头安装打捞器，收拢并锁好投捞爪和导向爪，用录井钢丝将投捞器下过配水器的工作筒。然后上提到工作筒上部，打捞器的锁块和锁轮一起向下转动，投捞爪和导向爪失锁向外转出张开。再下放投捞爪，导向爪沿工作筒导向体的螺旋面运动，当导向爪进入导向体的缺口时，投捞爪已经进入工作筒扶正体的长槽，正对堵塞器头部。待下放遇阻，打捞器已捞住堵塞器打捞杆。再上提投捞器，堵塞器打捞杆压缩压簧上行，下端与凸轮脱离接触，凸轮在扭簧的作用下向下转动而内收，堵塞被捞出并起到地面。

2. 桥式配产器

1）结构

桥式配产器主要由工作筒和堵塞器两部分组成，如图 9 – 15 所示。组成配产管柱后可以分层定量配产。配产器是由两个可使油气上、下通过的通槽和一个不与通槽相通而与油套管环形空间接通的侧孔组成的分水器。

2）工作原理

配产时把堵塞器坐于工作筒内，双凸轮卡于台阶孔上部的扩孔处，堵塞器主体上下两组密封圈封住台阶孔的出液槽，各层段地层油流经过各级配产器筒体侧孔、堵塞器油嘴进入油管内，从而起到控制生产压差分层配产的作用。

四、配水器

配水器用于井下分层注水，一般与封隔器配套使用，主要由配水机构和控制机构组成，其中配水机构包括滑套芯子和水嘴，控制机构包括阀和弹簧等。

1. 固定配水器

1）结构

固定配水器主要由锁环、护罩、阀座、水嘴及滤罩等组成，如图 9 – 16 所示。

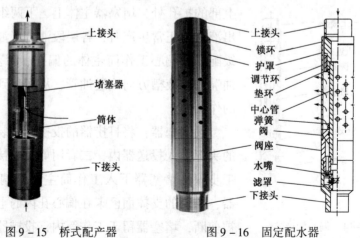

图 9 – 15　桥式配产器　　　图 9 – 16　固定配水器

2）工作原理

通过油管加液压，经滤罩口、水嘴和阀座的孔眼作用在阀上，阀压缩弹簧，离开阀座接头上行，阀开启，高压水经油套管环形空间注入地层。

2. 空心配水器

1）功能

空心配水器（视频9-3）用于井下分层注水，一般与封隔器配套使用，主要由配水机构和控制机构组成，其中配水机构包括滑套芯子和水嘴，控制机构包括阀和弹簧等。

2）结构

空心配水器主要由中心管、挡环、弹簧、阀、水嘴、密封圈、滑套芯子等部件组成，如图9-17所示。

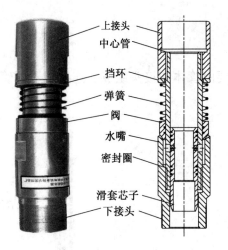

上接头
中心管
挡环
弹簧
阀
水嘴
密封圈
滑套芯子
下接头

视频9-3 空心配水器

图9-17 空心配水器

3）工作原理

注水时，高压水从上接头进入中心管，通过滑套芯子上的水嘴以及中心管上的出水孔进入下接头的内腔，当水的压力大于弹簧力时，阀开启，注水通道被打开，配水器实现注水。其中注水量由水嘴进行调控。当停止注水时，阀在弹簧力的作用下关闭，注水通道被切断。

注水时，高压水从上接头进入中心管，通过滑套芯子上的水嘴以及中心管上的出水孔进入下接头的内腔，当水的压力大于弹簧力时，阀开启，注水通道被打开，配水器实现注水。其中注水量由水嘴进行调控。当停止注水时，阀在弹簧力的作用下关闭，注水通道被切断。

五、助产工具

1. 水力锚

1）功能

水力锚是液压油管锚定工具，用于油水井采油、注水、压裂等施工时锚定管柱，防止油管与套管产生相对位移。

2）结构

水力锚主要由锚爪、锚体等部分组成，如图9-18所示。

3）工作原理

工作时，当油套管之间产生一定压差时，锚爪自动伸出，卡在套管内壁上，锚定管柱。油套管压差消失后，锚爪在弹簧的作用下收回复位，解除管柱锚定。

2. 筛管

1）结构

筛管（图9-19）结构简单，主要由管体和接头组成，连接在不同管柱上就有不同的作用。

图9-18　水力锚

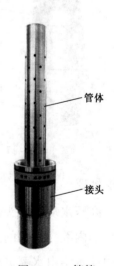

图9-19　筛管

2）工作原理

（1）当筛管与封隔器连接时，为防止泥砂和沉淀物掉入封隔器上接头内，堵死辅助液缸的进液孔，从而影响封隔器和卡瓦的坐封和丢手，造成返工。

组装时将筛管接头与封隔器上接头相接，将管体插入与之相连的井下油管内下井。

当泥砂通过时，被筛管的管体挡在了外面使之不能进入封隔器的上接头内，起到了良好的防砂作用。

（2）当筛管与尾管相连时，将筛管下入到油层部位，对准油层，或利用防砂悬挂工具悬挂在泵下。在油井生产过程中，将地层砂有效地阻挡在筛管及套管的环形空间，同时地层砂又将环形空间进行自填充，形成了多级挡砂屏障，起到更好的挡砂作用。

3. 喷砂器

1）结构

喷砂器用于分层压裂，其结构如图 9 - 20 所示。

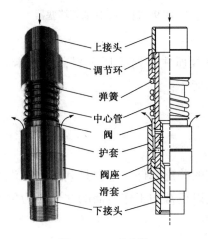

图 9 - 20　喷砂器

2）工作原理

工作时，从油管内投入钢球，坐于滑套上，从油管开泵憋压，滑套下行，销钉被剪断，当压裂压力达到一定值时，阀压缩弹簧开启，实现分层压裂。

4. KGD 油管堵塞器

1）功能

用于不压井起下作业，封堵油管空间。

2）结构

KGD 油管堵塞器的结构如图 9 - 21 所示。

3）工作原理

作业时，将工作筒通过密封短节连在油管柱上，与油管一起下井，当需要封堵油管空间时，下入堵塞器，堵塞器由导向头导向进入工作筒腔体后，支撑卡在弹簧的作用下撑开，阻止堵塞器上窜。由密封段与密封短节上的两道密封圈密封油管的上、下通道，

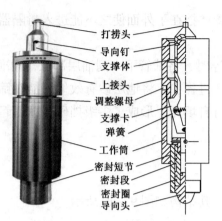

图 9 – 21　KGD 油管堵塞器

封堵油管。

解堵时，将打捞工具下放抓住打捞头后上提，支撑卡在打捞头下部滑套作用下缩回，堵塞器被取出，实现解堵。

5. 气举阀

1）功能

气举阀是气举采油系统的关键部件。主要是利用启动注气压力，把井内液面降至注气点的深度，并在此深度上以正常的工作所需的注气压力按预期的产量进行生产。

2）结构

气举阀的结构如图 9 – 22（a）所示。

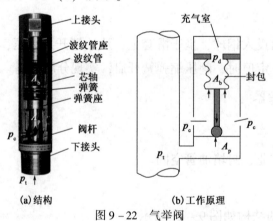

(a)结构　　　　(b)工作原理

图 9 – 22　气举阀

p_t—油压，MPa；p_c—注气压力，MPa；A_p—阀孔面积，mm^2；A_b—波纹管有效面积，mm^2；

p_d—波纹管充气压力，MPa

3）工作原理

气举阀基本上是一个压力调节器，阀的设定压力在地面由弹簧或波纹管充气来调定，目前使用最多的是充气波纹管式气举阀。

以充气波纹管气举阀为例，对气举阀的工作原理进行分析，在波纹管内预先充入氮气，构成加载单元—由可伸缩的封包和充气室组成如图 9 – 22 (b) 所示，起到类似于弹簧加载的作用。

打开阀的力 $F_o = p_c(A_b - A_p) + p_t A_p$；充气室保持阀关闭的力 $F_c = p_d A_b$。当 $F_o \geqslant F_c$ 时，阀打开；开启瞬间 $F_o = F_c$，则 $p_d A_b = p_{vo}(A_b - A_p) p_t A_p$。套压欲打开阀的压力为 $p_{vo} = (p_d A_b - p_t A_p)/(A_b - A_p)$。

$$TEF = A_p/(A_b - A_p)$$

式中，TEF 为油管效应（tubing effect）系数，表征阀对油压的敏感性。

令 $R = A_p/A_b$，则

$$TEF = R/(1 - R)$$

因此套压欲打开阀的压力可以表示为

$$p_{vo} = p_d/(1 - R) - p_t TEF$$

设注气压力 p_c 下促使气举阀关闭的压力 p_{vc}，则 $p_{vc} = p_d$ 阀关闭压力仅与封包压力有关，与油压 p_t 无关。

阀距：阀开启压力与关闭压力之差，是表征封包式气举阀工作特性的主要参数，即

$$\Delta p_v = p_{vo} - p_{vc} = (p_d - p_t)TEF$$

阀距随油管压力的增大而减小。

当 $p_t = p_d$ 时为最小，且为零；当 $p_t = 0$ 时，阀距最大，且为 $p_d TEF$；阀距还与油管效应有关，由于油管效应系数随阀孔径增大而增大，大孔径阀可提高阀距。

6. 潜油电动机

1）功能

作为电潜泵的井下必要组成，为电潜泵提供动力。主要用于产能较高的井，使用电潜泵井能达到较高的产液速度。

2）结构

潜油电动机的结构如图 9 – 23 所示。通常其特点是外廓尺寸较细长，转子和定子分节。

3）工作原理

潜油电动机是三相鼠笼式异步感应电动机，其原理与其他异步电动机一致。当定子绕组的三相引出线接通三相电源时，在电动机内将产生一个转速为 $n = 60r/min$ 的旋转磁场，其转向取决于电源的相序。由于转子绕组与旋转

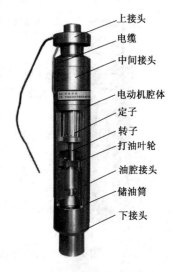

上接头
电缆
中间接头
电动机腔体
定子
转子
打油叶轮
油腔接头
储油筒
下接头

图 9 – 23　潜油电动机

磁场之间有相对运动，根据电磁感应原理，转子导体中将产生感应电动势。由于绕组是闭合的，转子中有感应电流通过，载流导体在磁场中将受到电磁力的作用，由此而产生电磁转矩，其方向与旋转磁场的方向一致。当电磁转矩大于轴上的阻力矩时，转子将会沿着旋转磁场的方向转动，此时电动机从电源接受的电能转变为机械能输出。

7. KHT 堵水器

1）功能

堵水器用于分层找水、堵水和试油。

2）结构

KHT 堵水器的结构如图 9 - 24 所示。

3）工作原理

堵水器是利用滑套的上、下移动实现油套之间的启闭作用。

8. 爆破滑套

1）功能

爆破滑套用于分层采油作油套管通道开关。

2）结构

爆破滑套结构简单，如图 9 - 25 所示。

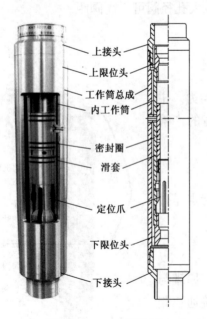

图 9 - 24　KHT 堵水器

图 9 - 25　爆破滑套

3）工作原理

分层采油时，当需要开启该油层油套管通道时，从套管开泵蹩压实施爆破，打开油套管通道；当需要关闭油套管通道时，可从油管内投入钢球，坐封于滑套芯子上，开泵从油管蹩压，滑套芯子下行，销钉被剪断，滑套芯子堵住油套管通道口，则油套管通道被关闭。

9. KHD 常关滑套

1）结构

常关滑套是连接油管和油套管环形空间通道的开关，如图 9－26 所示。

2）工作原理

正常情况下，油管和油套管环形空间的通道处于关闭状态；当需要打开此通道时，从油管内投入钢球，坐于滑套芯子的内锥面上，开泵从油管内蹩压，液压力推动滑套芯子下行，销钉被剪断，则油管和油套管环形空间通道被打开。

图 9－26 KHD 长关滑套

10. 导向丝堵

导向丝堵就是在油田油井找水工作中，安装于管柱末端，防止管柱泄漏，并引导油水流动的管件，通常安装在油管的末端，起到密封和导流作用，其结构如图 9－27 所示。

图 9－27 导向丝堵

六、生产安全装置

1. KDK 安全接头

1）功能

安全接头接在井下易卡工具上部，以便遇卡时可以从安全接头处倒扣，起出接头上部管柱。

2）结构

安全接头由内部带有左旋扣的上接头、密封圈和下接头两部分组成（图 9－28）。

3）工作原理

安全接头上、下接头间采用方扣或梯形扣连接，上卸扣阻力小，所以工具遇卡时容易从该接头处卸开。

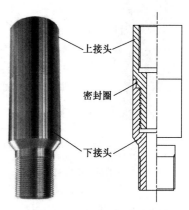

图 9－28 KDK 安全接头

2. 丢手接头

1）功能

丢手接头用于井下丢手管柱。

2）结构

丢手接头由上接头、滑套芯子、衬套、锁球、剪钉、密封圈、密封套、下接头组成，如图 9-29 所示。

3）工作原理

当丢手管柱下至设计位置后，从油管内投入钢球，坐于滑套芯子上，开泵从油管内整压，当压力达到一定值时，滑套芯子下行，剪钉剪断，此时，锁球正好对准滑套芯子的环形槽，使锁球失去内支撑，油套管连通，压力突降；然后上提油管柱带动上接头、滑套芯子与密封套上行，从而将下接头及其以下管柱丢于井内。

3. 防顶卡瓦

1）功能

防顶卡瓦是井下安装工具，用于阻止封隔器上窜引起坐封效果不好及泵筒受力变形。

2）结构

防顶卡瓦的结构如图 9-30 所示。

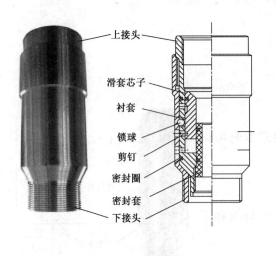

图 9-29　丢手接头

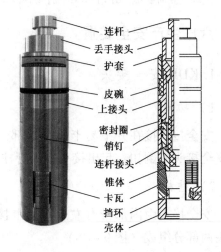

图 9-30　防顶卡瓦

3）工作原理

（1）坐卡：从连杆孔内投入钢球，坐封于连杆接头锥孔座上，由油管内加液压，液压力推动锥体下行，销钉被剪断，使卡瓦牙胀出工具本体咬紧套管内壁，完成工具安装。

（2）丢手：上提管柱，丢手接头的弹性爪沿上接头内锥面收缩并与之脱开，连杆、连杆接头、护套随之上提，脱开防顶卡瓦。

（3）解卡：下入对扣捞矛，使卡瓦牙与防顶卡瓦锥体内螺纹对接，上提钻具，锥体上移，防顶卡瓦失去内支撑而回缩，实现解卡。

4. 油管扶正器

1）功能

扶正器下入井内对下部管柱起扶正作用，使下入的通杆和打捞器能顺利地进入解封头或通开活门。

2）结构

油管扶正器主要由中心管、托环、摩擦块、扶正体、接头组成，如图9–31所示。

3）工作原理

靠弹簧将摩擦块径向外推，使之紧贴套管内壁，而中心管及与其相连的管柱可以在槽体内自由转动但不能径向偏移或偏斜，起到扶正作用。

5. 钢球脱接器

1）功能

脱接器用于抽油泵直径大于泵上油管内径的油井，是使抽油杆和管式抽油泵柱塞在井内脱开和对接的一种工具。

2）结构

钢球脱节器的结构如图9–32所示。

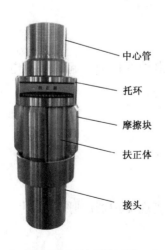

图9–31　油管扶正器

中心管
托环
摩擦块
扶正体
接头

图9–32　钢球脱节器

中心杆
防脱套
外滑套
脱接体
外弹簧
接头

3）工作原理

使用前先将脱接器的配套工具——释放接头安装在泵上的油管上。

脱开作业时，上提抽油杆柱，脱接器带动柱塞上行，到达释放接头位置时，因防脱套外径大于释放接头内径，防脱套遇阻并带动外滑套相对脱接体下行并压缩外弹簧，直至钢球进入防脱套与脱接体的环形空间，这时上提抽油杆，中心杆与脱接体脱开完成脱开任务，同时内滑套在内弹簧的作用下上行，阻止钢球滑出并为下一次对接作业做好准备。

对接作业时，下放抽油杆柱，中心杆下行经防脱套导引部分进入脱接体，推动内滑套压缩内弹簧下行到达钢球球心位置时，外弹簧推动外滑套将钢球推入中心杆环形槽锁紧中心杆，中心杆与脱接体完成对接，外滑套同时到位确保对接可靠。

6. 滚轮式抽油杆扶正器

1）结构

抽油杆扶正器用于扶正往复运动中的抽油杆，减少抽油杆接箍对油管内壁的磨损。其结构如图 9-33 所示，主要由一些成螺旋式的滚轮和筒体组成。

2）工作原理

工作时，扶正器随抽油杆上下往复运动。当抽油杆受阻弯曲变形时，滚轮便沿油管内壁自由滚动，减少抽油杆接箍接触油管内壁的机会，保证抽油杆相对平行于油管轴线往复运动。

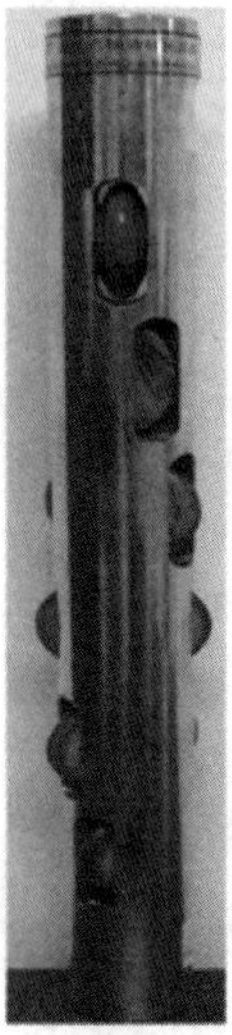

图 9-33　滚轮式抽油杆扶正器

7. 胶囊式潜油电动机保护器

1）功能

胶囊式潜油电动机保护器是用来补偿电动机内润滑油的损失，起到平衡电动机内外压力，防止井液进入电动机及承受泵的轴向负荷的作用。

2）结构

胶囊式潜油电动机保护器的结构如图 9-34 所示。

3）工作原理

胶囊式潜油电动机保护器依据胶囊的膨胀和收缩实现保护器的呼吸作用。其工作原理如下：

（1）通过注油阀给保护器内腔注入润滑油，外腔注入隔离液，隔离液为相对密度为

1.8~2.2的重油。保护器的机械密封可密封轴使井液不能进入电动机。

（2）电动机中的机械油通过保护器连通孔与胶囊内腔连通，在重油的作用下使电动机压力稍高于井筒与电动机的环形空间压力并能及时调整平衡。

（3）电动机下井运行时，温度不断升高，电动机保护器内的润滑油和隔离液受热膨胀，胶囊随之膨胀，井液被排出，此即保护器的呼出过程。

（4）电动机停止运转后，温度降低，润滑油和隔离液收缩，胶囊回缩，井液被吸入，此即保护器的吸入过程。

8. 补偿器

1）功能

补偿器是一种井下采油作业时的配套工具，常与油管锚和抽油泵配套使用。可防止液压油管锚因温度变化引起井内油管伸缩而造成油管的损坏。

2）结构

补偿器由上接头、密封接头、外套、导向套和伸缩管部件组成，如图9-35所示。

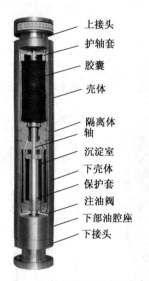

图9-34　胶囊式潜油电动机保护器

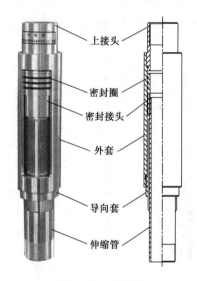

图9-35　补偿器

3）工作原理

补偿器随油管柱下入井内，由于伸缩管与外套间可相对滑动，使得井内油管在受热或冷却时伸缩，产生一个缓冲位移，从而避免油管因锚定而被压弯或损坏的可能。

9. 支撑器

1）结构

支撑器的结构如图9-36所示。支撑器作为管柱下支点，以防止管柱向下移动。

2）工作原理

管柱下井后，由下限位环、摩擦块、弹簧、扶正座、滑环、托环等组成扶正器，在弹簧的作用下，使摩擦块与套管内壁产生摩擦力，扶正器带动卡瓦通过滑环销钉就能沿中心管的轨道槽运动。下管柱时，滑环销钉位于短轨道的上死点，此时卡瓦处于收拢状态。

坐卡时，按所需坐卡深度将管柱上提一定的高度后下放，滑环销钉从短轨道上死点滑动到长轨道，卡瓦被锥体撑开卡牢套管。

解卡时，上提管柱，滑环销钉由长轨道的上死点滑动到下死点，锥体退出卡瓦，卡瓦在箍簧的作用下收回解卡。

10. 连通器

1）功能

连通器具有卸压功能，防止堵水管柱上窜，和滑套开关配套使用可实现不压井作业。

2）结构

连通器的结构如图 9 - 37 所示。

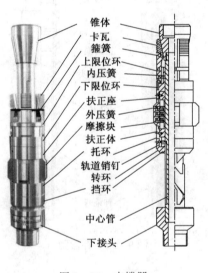

图 9 - 36　支撑器

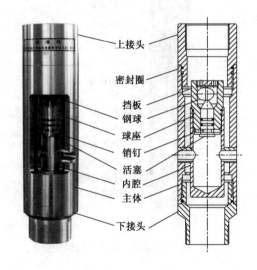

图 9 - 37　连通器

3）工作原理

连通器内设桥式通道，利用液压推动活塞，剪断销钉实现油套接通。

11. 泄油器

1）功能

泄油器是在上提油管管柱时将油管内的原油泄出的一种工具，用来保护井场周围的环境，同时减轻油管管柱的重量，降低作业负荷。

2）结构

泄油器主要由泄油器体和撞断销钉组成，如图9－38所示。

3）工作原理

作业时，先将泄油器装在抽油泵之上的油管上，再连接油管下井。修井或修泵需上提油管管柱时，将抽油杆柱提出，从井口投放加重杆，将销钉撞断，使油管内外连通，原油从油管流入油套管环形空间。

七、油气分离器

1. 沉降式分离器

1）功能

沉降式分离器是依据重力原理进行油气分离的。

2）结构

沉降式分离器的结构如图9－39所示。

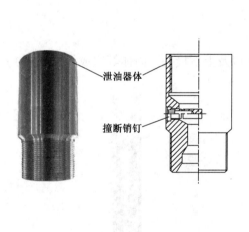

图9－38　泄油器

图9－39　沉降式分离器

3）工作原理

油气混合物从分离器外壳的进液孔进入分离器后，由于液体的相对密度要比气体的相对密度大得多，这样气体向上流动，通过分离器的排气孔进入油套管环形空间，而液体由于相对密度大，向下流动通过分离器底部的内腔进液孔进入分离器内腔，并经过底部轮增压产生一个稳定压头，把井液举升到泵的第一级叶轮，完成油气分离过程。

2. 离心式分离器

1）功能

离心式分离器是利用离心分离原理，使气体在井底油管近轴区，液体在边缘近壁区，达到气液分离的目的。

2）结构

离心式分离器的结构如图9-40所示。

3）工作原理

工作时，油气混合液由下接头的进液口进入工作筒，此时由于叶片轴的旋转运动，迫使混合液旋转从而产生离心作用，液体密度大于气体密度，液体在工作筒的边缘区向上通过上接头沟通孔进入潜油泵，气体在近轴区沿导向叶片，通过上接头与套管连接的通孔被排出。

3. 螺旋式气锚

1）功能

螺旋式气锚是依靠其螺旋式结构及其油气密度差异进行油气在井底附近分离的工具，有利于提高泵的充满程度，从而提高泵效。

2）结构

螺旋式气锚主要由中心带孔螺旋柱、排气眼以及上下接头、筒体等组成（图9-41）。

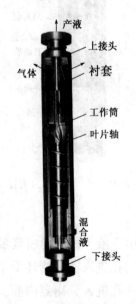

图9-40　离心式分离器

图9-41　螺旋式气锚

3）工作原理

油气混合液由外管下部孔道流进内外管环形空间，由于油气密度差异，小气泡向上运动聚集成气泡或气流，并在气猫顶部环形空间成气帽，经外管上部排气孔排出；经上部分离的原油向下运动，在螺旋环形空间加速呈螺旋紊流，在离心力的作用下，未分离完的小气泡聚集在环形空间内侧形成大气泡和气流，经螺旋片上的排气孔向上运动，并在环形空间顶部形成"气帽"，经外管上部排气孔排出；原油聚积在环形空间外侧向下运动流入内管进泵。

八、注水井下辅助工具

1. 洗井器

1）功能

洗井器是用于反洗井作业的专用工具。

2）结构

洗井器的结构如图9–42所示。

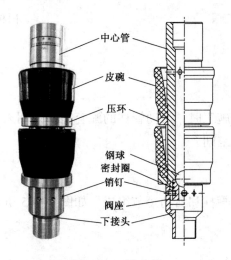

图9–42　洗井器

3）工作原理

洗井器安装于抽油泵下，洗井液从油套管环形空间注入，经中心管上部的小孔进入洗井器，下部的单向阀被关闭，洗井液便从中心管内上返，进入抽油泵和油管返回地面，实现管柱的清洗。洗井过程中，泵压超过一定值时，销钉被剪断，阀座下行，压力通过销钉孔被卸掉，实现对洗井泵的保护。

2. 固定球座

球座主要起单流阀的作用，用于坐封封隔器，其结构如图9-43所示。其原理为球与球座间锥形密封面形成密封，使流体只能单向流动。

3. 单流阀

单流阀主要由阀球和密封球座组成，如图9-44所示。它主要依靠阀球与密封球座的密封来使流体单向流动。

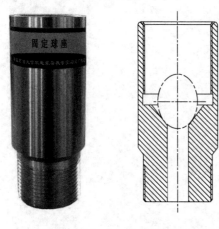

图9-43 固定阀

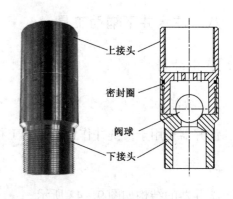

图9-44 单流阀

4. 油管悬挂器

1）功能

油管悬挂器为不压井施工时，活动管柱的配套工具。用来在封隔器坐封上提或下放油管时，密封油套管环形空间。

2）结构

油管悬挂器主要由油管挂和活动短节组成，如图9-45所示。

3）工作原理

工作时，油管挂下入井口装置的大四通的锥孔内，靠油管挂上的密封圈与大四通内锥面配合来密封油套管环形空间。

5. 喇叭口

喇叭口是装在自喷或笼统注水井油管下部，距油层顶部5m以上，靠大端的喇叭口的导向原理，使下井仪器能够顺利进入，是仪器上提通畅的主要通道。其结构如图9-46所示。

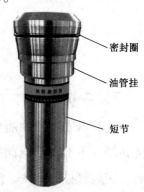

图9-45 油管悬挂器

6. 撞击筒

1）功能

撞击筒是偏心配水器的辅助工具，通常安装在偏心配水管柱尾管上部，其作用是为投捞器和测试仪器作撞击头，以便使投捞器主、副爪和定位爪释放张开。

2）结构

撞击筒的结构如图 9 – 47 所示。

图 9 – 46　喇叭口

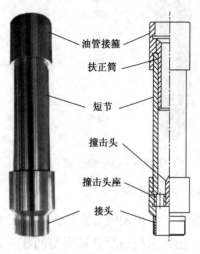

图 9 – 47　撞击筒

7. KNH 活门

1）功能

KNH 活门用在卡堵水丢手管柱上，实现不压井作业。

2）结构

活门的结构如图 9 – 48 所示。

3）工作原理

在丢手封隔器下井时，该活门直接与封隔器下接头相连接，当封隔器丢手后，起出投送管柱时，活门在扭簧自身扭力的作用下处于关闭状态，将油管内通道堵死，即可进行不压井不放喷起下作业，要打开活门时，在下井管尾部接上捅杆，将活门捅开即可进行正常生产。

8. 滑套节流器

1）功能

在注水时间实现油管加液压时，注入水经油套管环形空间注入地层。

2）结构

滑套节流器的结构如图 9 - 49 所示。

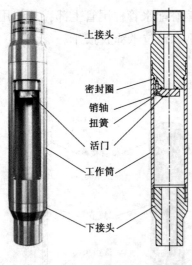

图 9 - 48　KNH 活门

图 9 - 49　滑套节流器

3）工作原理

配水时，由油管加液压，经中心管水槽作用在阀上，阀压缩弹簧离开阀座接头，阀开启，注入水经油套管环形空间注入地层。配水压差可在地面上通过调整调节环对弹簧的预紧力来设定。

9. 缓冲器

1）功能

缓冲器与水力压缩式封隔器配套使用，可减少因注水压力波动而造成管柱伸缩对封隔器的影响。

图 9 - 50　缓冲器

2）结构

缓冲器的结构如图 9 - 50 所示。

3）工作原理

下井时，因内、外伸缩管由锁球和活塞固定，缓冲器处于关闭状态。开启时，从油管内憋压，液压经内、外伸缩管的小孔作用在活塞上，当压力达到一定值时（封隔器坐封后），销钉被剪断，活塞上行，锁球退出环形槽，内、外伸缩管可相对运动。当油管压力下降时，整个管柱将伸缩，引起内、外伸缩管相对运动，使得整个管柱的收缩力不再作用在封隔器上，从而减少注水压力波动对封隔器的影响。

10. 释放接头

1）功能

释放接头是一种采油工具释放接头，用于在需要时候通过旋转将井下管柱段分开。

2）结构

释放接头的结构如图9-51所示。在其顶部有一插头端，该端插入一底部接头上的开口里，两接头用剪切销钉连接在一起，该剪切销钉穿过底部接头上的孔，插入顶部接头上的凹槽，底部接头有向上延伸的花键。

3）工作原理

当两接头连接时，花键与顶部接头上的槽相配合，花键将旋转运动从一接头传递到另一接头，该接头的释放是由钻柱内的液压、作用在顶部接头上的拉力或两者结合，形成足以剪切断剪切销钉的力而实现的。一个导向环环绕在花键上端，以便在接头被分开时将物料导入底部接头。

图9-51　释放接头

九、井口装置

1. 采油树大四通

采油树大四通安装于采油树和套管头之间，靠油管悬挂器支撑井内油管的重量，油管悬挂器和大四通之间的锥面配合密封油套管环形空间。在大四通体上有四个侧口，可以完成注平衡液和洗井等作业，如图9-52所示。

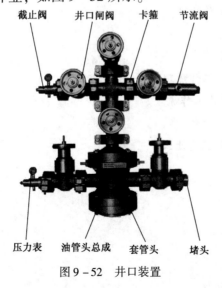

图9-52　井口装置

2. 采油树

采油树包括压力表、小四通、节流阀、截止阀和井口闸阀。其中压力表用以显示在采油过程中的井口回压；节流阀是用来控制油井产量的部件，通过更换节流阀内不同孔径的油嘴来控制油井的生产压差和产液量；井口闸阀用以控制输油或洗井等管线与油井的开、关。

第三节 注 意 事 项

注采工具模型教学使用过程中需要注意以下事项：

（1）本套模型及其工作原理仅为教学补充材料，具体内容以相关教科书为准。

（2）为方便教学，部分模型可进行局部装拆，观察内部结构。拆装时，应注意保护连接螺纹。用毕应重新组装完好，为下一次使用做好准备。

（3）各工具模型可根据实际使用情况进行组合。演示现场管柱组合安装时，应注意保护模型以免损坏。

（4）螺杆泵在使用前，应在螺杆上加适量的润滑油。

（5）本模型零部件属易损件，使用时应轻拿轻放，禁止跟其他硬物剧烈碰撞或相互碰撞，以免损伤。

思考题

1. 简述管式抽油泵的工作原理。

2. 简述射流泵的工作原理。

3. 封隔器的作用是什么？

4. 封隔器按照封隔件的工作原理可分为几类？

5. 简述 Y211 型封隔器的工作原理。

6. 偏心配产器的作用是什么？

7. 偏心配产器的工作原理是什么？

第十章
井下修井工具模型

第一节　井下修井工具模型简述

井下修井工具模型系列产品可演示打捞、整形、解卡、切割、套管修补等工艺中所使用的各类工具的用途、内部结构、工作原理以及工具之间的组合使用等。

一、实验科目

（1）动态演示各类修井工具的动作及其机构。

（2）动态演示各种工具的工作原理。

（3）了解各工具在修井作业中的用途。

（4）初步了解修井工具在井下的安装工艺。

（5）在教师的指导下进行局部拆装，可提高学生的动手能力。

二、技术参数

井下修井工具模型的产品规格如表 10－1 所示。

表 10－1　井下修井工具模型规格

序号	模型名称	规格，mm	型号	序号	模型名称	规格，mm	型号
1	活动外钩	$\phi 105 \times 1290$	HLG	4	接箍捞矛	$\phi 78 \times 448$	WLM－92×73
2	活动内钩	$\phi 78 \times 500$	HNG	5	抽油杆打捞筒	$\phi 60 \times 430$	CLT
3	倒扣捞矛	$\phi 78 \times 450$	DLM	6	三球打捞筒	$\phi 78 \times 228$	SLT

序号	模型名称	规格，mm	型号	序号	模型名称	规格，mm	型号
7	倒扣捞筒	φ69×438	DLT	26	凹面磨鞋	φ78×170	AM
8	老虎嘴	φ78×500	LHZ	27	领眼磨鞋	φ78×220	LM
9	套管刮削器	φ78×629	TGQ	28	梨形磨鞋	φ78×196	LXM
10	套铣筒	φ75×550	TXT	29	外齿铣鞋	φ78×294	WX
11	一把抓	φ69×450	YBZ	30	梨形胀管器	φ78×260	LZQ
12	开窗捞筒	φ69×500	KLT	31	偏心滚子整形器	φ77×373	GZQ
13	短鱼顶打捞筒	φ78×345	DYD	32	开式下击器	φ78×531	KXJ
14	蓝式可退打捞筒	φ78×463	LT－T114×73	33	液压式上击器	φ78×772	YSJ
15	可退式打捞矛	φ69×500	KLT	34	液体加速器	φ78×537	YJQ
16	活页式打捞筒	φ69×450	HLT	35	倒扣用下击打器	φ69×500	DXJ
17	组合式抽油杆打捞筒	φ69×414	ZLT	36	机械式内割刀	φ78×651	JNG
18	公锥	φ78×530	GZ	37	机械式外割刀	φ78×764	JWG
19	母锥	φ69×350	MZ	38	锯齿形安全接头	φ78×544	JAJ
20	卡瓦打捞筒	φ69×389	KLT	39	方扣安全接头	φ69×184	FAJ
21	正循环磁力打捞器	φ69×239	ZCL	40	铅模	φ78×180	QM
22	反循环磁力打捞器	φ69×320	FCL	41	铅封注水泥套管补接器	φ78×871	QZB
23	滑块捞矛	φ69×921	HLM	42	封隔器型套管补接器	φ78×516	FTB
24	通井规	φ69×400	TJG	43	丢手接头	φ69×180	YMO351
25	平地磨鞋	φ78×170	PM	44	电泵捞筒	φ78×360	BLT－115－95

第二节　井下修井工具的功能、结构及工作原理

打捞类工具是油水井大修施工中应用最广泛，使用次数最多，应用品种、规格最全的专用工具。按井内落物类型分类，可将打捞工具分成管类打捞工具、杆类打捞工具、绳缆类打捞工具、测井仪器类打捞工具、小物件类打捞工具五大类。若按工具结构特点分类，则可分成锥类、矛类、筒类、钩类、篮类、其他类六大类。

一、检测工具

为了成功将落鱼打捞到地面，需要一些检测工具辅助完成，这些工具是判断、证实井下状况、处理井下事故和油水井大修作业的首要前提，是选择应用修井工具的主要依据，有利于更方便地进行打捞作业。

1. 铅模

1）功能

铅模用来探测井下落鱼鱼顶状态和套管情况。通过分析铅模同鱼顶接触留下的印记和深度，反映出鱼顶的位置、形状、状态、套管变形等初步情况，作为定性的依据，为施工作业提供参考。

2）结构

铅模由接箍、短节、拉筋及铅体等组成，中心有水眼，以便冲洗鱼顶，如图 10 – 1 所示。

3）工作原理

检查铅模柱体四周与底部，不能有影响印痕判断的伤痕存在，如有轻微伤痕，应及时用锉刀将其修复平整。铅模上接钻杆，缓慢下钻，待下至鱼顶以上一单根时开泵冲洗，待鱼顶冲洗干净，加压打印后，起钻。注意下钻速度不宜过快，以免中途将铅模顿碰变形，影响分析结果。

2. 通井规

1）功能

通井规是检测套管、油管、钻杆以及其他管子内通径尺寸的简单而常用的工具。用它可以检查各种管子的内通径是否符合标准，检查其变形后能通过的最大几何尺寸。同时，还可以用它刮除管子内壁上附着的某些杂物，是修井、作业检测必不可少的工具。

2）结构

套管通径规是一个两端加工有连接螺纹的筒体，上端与钻具相连接，下端备用，如图 10 – 2 所示。油管或钻杆通径的测量一般都在地面进行。通井规的形状为

图 10 – 1 铅模

图 10 – 2 通井规

一长圆柱体。其中一种形式是两端无螺纹，可利用刺油管时的蒸汽作动力，将其从被测管子的一端推入，另一端顶出。另一种形式为两端有抽油杆螺纹，与抽油杆连接用来进行通井。

3）操作方法及注意事项

（1）将套管通径规连接下井管柱下入井内通径规应能顺利通过，若遇阻则说明井下套管有问题。

（2）当下井的工具较长时，可以在通径规下端再连接另一个通径规，两通径规间距大于工具长度进行通井。

（3）地面通径实验时，管内应没有任何外来物质，并应适当支撑，防止管子下垂，以便通径规自由通过。

二、锥类打捞工具

锥类打捞工具是一种专门从管类落物（如油管、钻杆、封隔器、配水器等井下工具）的内孔或外壁上进行造扣而实现打捞落物的专用工具，打捞成功率较高，操作也较容易掌握。锥形打捞工具分公锥和母锥两种形式。

1. 公锥

1）功能

公锥是一种专门从油管、钻杆、套铣管、封隔器、配水器、配产器等有孔落物的内孔进行造扣打捞的工具。这种工具对于带接箍的管类落物的打捞成功率较高。公锥与正、反扣钻杆及其他工具配合使用，可实现不同的打捞工艺。

2）结构

公锥由接头和锥体两部分组成，一般是长锥形整体结构，如图10-3所示。

3）工作原理

当公锥进入打捞落物内孔之后，加适当的钻压，并转动钻具，迫使打捞螺纹挤压吃入落鱼内壁进行造扣。当所造之扣能承受一定的拉力和扭矩时，可采用上提或倒扣的办法将落物全部或部分捞出。

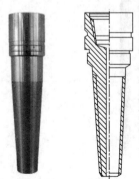

图10-3 公锥

4）使用方法

（1）根据落鱼水眼尺寸选择公锥规格。

（2）检查打捞部位螺纹和接头螺纹是否完好无损。

（3）测量各部位的尺寸，绘出工具草图，计算鱼顶深度和打捞方入。

（4）检验公锥打捞螺纹的硬度和韧性。

（5）公锥下井时一般应配接震击器和安全接头。

（6）下钻至鱼顶以上 1 ~ 2m 开泵冲洗，然后以小排量循环并下探鱼顶。

（7）根据下放深度、泵压和悬重的变化判断公锥是否进入鱼腔。

（8）造扣 3 ~ 4 扣后，指重表（或拉力计）悬重若上升，应上提钻柱造扣，上提负荷一般应比原悬重多 2 ~ 3kN。

（9）上提造扣 8 ~ 10 扣后，钻柱悬重增加，造扣即可结束。

（10）打捞起钻前，要检查打捞是否牢靠。起钻要求操作平稳，禁止转盘卸扣。

2. 母锥

1）功能

母锥是一种专门从油管、钻杆等管状落物外壁进行造扣打捞的工具。还可用于无内孔或内孔堵死的圆柱形落物进行打捞。

2）结构

母锥是长筒形整体结构，由上接头与本体两部分构成，如图 10-4 所示。接头上有正、反扣标志槽，本体内锥面上有打捞螺纹。打捞螺纹与公锥相同，有三角形螺纹和锯齿形螺纹两种，同时也分有排屑槽和无排屑槽两种。

3）工作原理

母锥的工作原理与公锥的相同，均依靠打捞螺纹在钻具压力与扭矩作用下，吃入落物外壁造扣，将落物捞出。就造扣机理而言，属挤压吃入，不产生切屑。

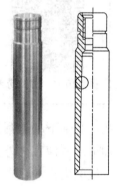

图 10-4　母锥

三、矛类打捞工具

矛类打捞工具按工具结构特点可分为不可退式滑块捞矛、接箍捞矛、可退式捞矛三大类。其中，滑块捞矛又分为单滑牙与双滑牙两种；接箍捞矛又分为抽油杆接箍捞矛和油管接箍捞矛两种。

1. 滑块捞矛

1）功能

滑块捞矛是内捞工具，它可以打捞钻杆、油管、套铣管、衬管、封隔器、配水器、配产器等具有内孔的落物，又可对遇卡落物进行倒扣作业或配合其他工具使用（如震击器、倒扣器等），进行解卡作业。

2) 结构

滑块捞矛由上接头、矛杆、卡瓦、锁块等组成，如图 10 – 5 所示。

3) 工作原理

当矛杆与滑块进入鱼腔之后，滑块依靠自重向下滑动，滑块与斜面产生相对位移，滑块齿面与矛杆中心线距离增加，使其打捞尺寸逐渐加大，直至与鱼腔内壁接触为止。上提矛杆时，斜面向上运动所产生的径向分力，迫使滑块咬入落物内壁，从而抓住落物。

2. 对扣捞矛

1) 功能

对扣捞矛（视频 10 – 1），也称为接箍捞矛，是专门用来捞取鱼顶为接箍的工具。这种捞矛的主要特点是：无论接箍是处于较大的套管环形空间内，还是处于较小的管柱环形空间内，都能准确无误地抓住捞出。

视频10-1　对扣捞矛

2) 结构

上部的上接头用以连接打捞管柱，下部的细牙螺纹同芯轴相连，并用一个锁紧螺母压紧，以防松扣。芯轴上装有弹簧和卡瓦，芯轴下端是圆锥体，锥度与卡瓦的内锥面一致。圆柱形螺旋弹簧将卡瓦紧紧压向芯轴下端，使其内外锥面贴合。卡瓦呈薄壳形，下端的外表面加工有与被打捞接箍螺纹相一致的尖齿，纵向开 3 ~ 4 个窄槽，如图 10 – 6 所示。为了便于引进落鱼，芯轴下端头部做成球台形，卡瓦下端面倒成 30° 的锥角。

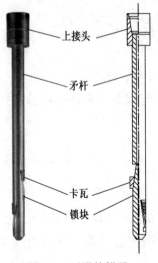

图 10 – 5　滑块捞矛

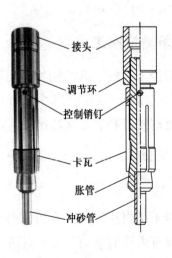

图 10 – 6　对扣捞矛

3）工作原理

对扣捞矛实质上是一种内外螺纹的对扣打捞。为了能使接箍捞矛进入接箍，卡瓦沿纵向开了若干个槽，每个槽间便是一个卡瓦片，依其弹性变形进入接箍母扣中。又靠芯轴和卡瓦内外锥面贴合后的径向胀力，保持对扣后的连接性能，从而抓住落鱼。具体动作过程是：卡瓦下端30°锥角进入被捞接箍时，卡瓦上行，或者压缩弹簧，或者抵住上接头，迫使卡瓦内缩，于是卡瓦上的牙尖滑动，实现卡瓦下端外螺纹与接箍内螺纹的对扣。此后上提钻具，芯轴、卡瓦内外锥面贴合，产生径向胀力，阻止了对扣后的螺纹牙尖退出牙间，从而实现打捞。

4）操作方法

（1）根据井内鱼顶的接箍规格，选用捞矛及卡瓦。

（2）将工具拧紧在打捞管柱最下端，下入井中。如果使用的是油管接箍捞矛，下至距鱼顶1～2m处，开泵循环，冲洗鱼顶。待循环正常后停泵，入鱼。

（3）当悬重回落停止下放，慢慢上提，若悬重增加，说明打捞成功。

（4）起钻。

3. 可退式打捞矛

1）功能

可退式打捞矛用于油气田修井过程中打捞钻杆、油管、套管及圆柱形空心状落物。

2）结构

可退式打捞矛由芯轴、圆卡瓦、释放环和引鞋组成，如图10-7所示。

在芯轴的中心有水眼，可冲洗鱼顶和进行钻井液循环。上部是钻杆螺纹（或油管螺纹），与工具或管柱相连，其上有正、反扣标志槽。中部是锯齿形大螺距外螺纹。下部用细牙螺纹同引鞋相连。圆卡瓦的内表面有与芯轴相配合的锯齿形内螺纹，圆卡瓦外表面有多头的锯齿形左旋打捞螺纹。在它的360°圆周上均布有四条纵向槽（其中有一条是通槽），使圆卡瓦成为可张缩的弹性体。释放环套在芯轴上，下接引鞋。释放环与引鞋接触端面间有3对互相吻合的凸缘，各凸缘由不同旋向的长斜面和短斜面组成。工具组装后圆卡瓦内螺纹与芯轴外螺纹有一定的径向间隙，使其沿轴向有一定的自由窜动量。

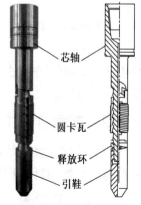

芯轴

圆卡瓦

释放环

引鞋

图10-7　可退式打捞矛

3）工作原理

工具在自由状态下，圆卡瓦外径略大于落物内径。当工具进入鱼腔时，圆卡瓦被压缩，产生一定的外胀力，使卡瓦贴近落物内壁。随芯轴上行和提拉力的逐渐增加，芯轴、圆卡瓦上的锯齿形螺纹互相吻合，卡瓦产生径向力，使其咬住落鱼实现打捞。

一旦落鱼卡死，无法捞出需退出捞矛时，只要给芯轴一定的下击力，就能使圆卡瓦与芯轴的内外锯形齿螺纹脱开（此下击力可由钻柱本身重量或使用下击器来实现），再正转钻具 2~3 圈（深井可多转几圈），圆卡瓦与芯轴产生相对位移，促使圆卡瓦沿芯轴锯齿形螺纹向下运动，直至圆卡瓦与释放圆环上端面接触为止（此时卡瓦与芯轴处于完全吻合位置），上提钻具，即可退出落鱼。

4. 倒扣捞矛

1）功能

倒扣捞矛主要用来对井下的落鱼进行可倒扣式的打捞。

2）结构

倒扣捞矛主要由上接头、矛杆、花键套和卡瓦等零件组成，如图 10-8 所示。

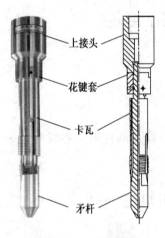

图 10-8　倒扣捞矛

3）工作原理

工具下井后，当外径略大于落鱼通径的卡瓦接触到落鱼时，卡瓦与矛杆开始产生相对滑动，卡瓦从矛杆锥面脱开。矛杆继续下行，花键套顶着卡瓦上端面，迫使卡瓦缩进落鱼内，若停止下放，此时卡瓦对落鱼内径有外胀力，紧紧贴住落鱼内壁，尔后上提钻具，矛杆上行，矛杆与卡瓦锥面吻合，随着上提力的增加，卡瓦被胀开，外胀力使得卡瓦上的三角形牙咬入落鱼内壁，继续上行即可实现打捞。

若需退出落鱼，必须下击矛杆，使矛杆与卡瓦锥面脱开，然后在钻杆上施以扭矩，通过上接头的牙嵌、花键套传递给矛杆，使矛杆右旋转动，卡瓦下端倒角斜面进入锥面键的夹角中，此时卡瓦上部筒体内壁的四分之一弧形孔的侧面与矛杆上的限位键接触，限定了卡瓦与矛杆的相对位置，上提钻具使卡瓦矛杆锥面不再贴合，即可退出落鱼。

四、筒类打捞工具

筒类打捞工具是从落物外部进行打捞的工具，包括卡瓦捞筒、可退式打捞筒、短鱼顶打捞筒、抽油杆打捞筒、测井仪器打捞筒、强磁打捞筒等。

1. 卡瓦打捞筒

1）功能

卡瓦打捞筒（视频 10-2）是从落鱼外壁进行打捞的不可退式工具。卡瓦打捞筒可用于打捞油管、钻杆、抽油杆、加重杆、长铅锤、下井工具中心管等，还可对遇卡管柱施加扭矩进行倒扣。

2）结构

卡瓦打捞筒由上接头、筒体、弹簧、卡瓦座、卡瓦、引鞋等组成，上接头上部由钻杆扣（油管扣）同钻柱相连，下部是细牙外螺纹，与筒体连接，如图 10-9 所示。

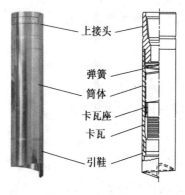

视频10-2 卡瓦打捞筒

图 10-9 卡瓦打捞筒

上接头从上至下有水眼，筒体上连上接头，下连引鞋内装弹簧和卡瓦。筒体下部的腔体有一上大下小的锥孔。锥孔处对称位置上有两个键，用以传递扭矩，卡瓦就安装在这里。卡瓦是剖分式，上部有联动台阶，其作用一是在两块卡瓦外胀时，互相搭连，不错位；二是两块卡瓦上下移动时，保证同步，不分开。卡瓦下部的外锥面与筒体锥孔有良好配合两个键恰好在卡瓦的分开处。卡瓦内孔有坚硬而锋利的卡瓦牙齿。弹簧安装在上接头与卡瓦之间，紧紧地将卡瓦压向筒体锥孔里。引鞋下端有拨入落鱼用的螺旋形切口。

3）工作原理

当引鞋引入落鱼后，下放钻具，落鱼将卡瓦上推，压缩弹簧，卡瓦脱开锥孔上行并逐渐分开，落鱼进入卡瓦。此时卡瓦在弹簧力作用下被压下，将鱼顶抱住，并给鱼顶以初夹紧力。上提钻具，在初夹紧力作用下，筒体上行，卡瓦与筒体内外锥面贴合，产生径向夹紧力，将落鱼卡住，即可捞出。

对于不同直径的落鱼，只要在筒体许可的情况下更换不同的卡瓦，即可打捞不同尺寸的落鱼。

4）操作方法

（1）地面检查卡瓦尺寸，用卡尺测量卡瓦结合后的椭圆长短轴尺寸，其长轴尺寸应小于落鱼 1~2mm，并压缩卡瓦，观察是否具有弹簧压缩力。

（2）测绘草图。

（3）下钻至鱼顶以上 1~2m 处开泵循环洗井。

（4）缓慢下放钻具，观察指重表及泵压变化。若指重表指针有轻微跳动后逐渐下降，泵压也有变化时，说明已引入落鱼，可以试提钻具。当悬重明显增加，证明已经捞获，即可起钻。

（5）若落鱼质量较轻，指重表反映不明显时，可以转动钻具90°，重复打捞数次，再进行提钻。

（6）当需要倒扣时，将钻具提至倒扣负荷进行倒扣作业。注意卡瓦打捞筒传递扭矩的键多数是在筒体上开窗焊接的，其强度较低，不能承受大的扭矩。

2. 倒扣打捞筒

1）功能和结构

倒扣打捞筒是一种外捞工具，结构如图 10 – 10 所示。

2）工作原理

工具下井后，当内径略小于落鱼外径的卡瓦接触落鱼时，卡瓦与筒体开始产生相对

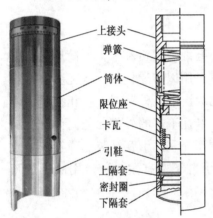

上接头
弹簧
筒体
限位座
卡瓦
引鞋
上隔套
密封圈
下隔套

图 10 – 10 倒扣打捞筒

滑动，卡瓦与筒体锥面脱开，筒体继续下行，限位座顶在上接头下端面上迫使卡瓦外胀，落鱼引入。若停止下放，此时被胀大了的卡瓦对落鱼产生内夹紧力，紧紧咬住落鱼。而后上提钻具，筒体上行，卡瓦与筒体锥面贴合。随着上提力的增加，三块卡瓦内夹紧力也增大，使三角形牙咬入落鱼外壁，继续上提即可实现打捞。

若需要退出落鱼，要将钻具下击使卡瓦与筒体锥面脱开，然后对钻杆施以扭矩，通过上接头传递给筒体，使筒体右旋，卡瓦最下端大内倒角进入内倾斜面夹角中，此时限位座上的凸台正卡在筒体上部的键槽上，筒体带动卡瓦一起转动，上提钻具即可退出落鱼。

3. 三球打捞筒

1）功能

三球打捞筒是专门用来在套管内打捞抽油杆接箍或抽油杆加厚台肩部位的打捞工具。

2）结构

三球打捞器由筒体、钢球、引鞋等零件组成，如图 10 – 11 所示。筒体上部为油管扣，用来连接打捞管柱。在油管扣与筒体的台肩外，均布三个等直径斜孔，与筒体内大孔交汇。三个斜孔内务装一个大小一致的钢球，并被连接在筒体下端的引鞋上端面堵住。引鞋下部内孔有很大的锥角，以便引入落鱼。工具从上至下有水眼，可进行循环。

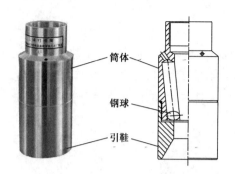

图 10 - 11 三球打捞筒

3）工作原理

三球打捞筒靠三个球在斜孔中位置的变化来改变三球公共内切圆直径的大小，从而允许抽油杆台肩和接箍通过。带接箍或者带台肩的抽油杆进入引鞋后，接箍或者带台肩推动钢球沿斜孔上行，三个球形成的内切圆逐渐增大。待接箍或台肩通过三球后，三球依其自重沿斜孔回落，停靠在抽油杆本体上。上提钻具，抽油杆台肩或接箍因尺寸较大无法通过而压在三个球上，斜孔中的三个钢球在斜孔作用下，给落物以径向夹紧力，从而抓住落鱼。

4）操作方法

（1）将三球打捞筒连接在工具管柱的最下端。

（2）直接下井，待通过鱼头后，再缓慢上提。若指重表比原悬重增加，说明抓住落鱼。

（3）起钻。

5）注意事项

（1）三球打捞筒入井前必须通井。

（2）检查工具外径尺寸，三球活动情况并涂机油润滑。

4. 螺旋卡瓦式可退打捞筒

1）功能

可退式打捞筒是从落鱼外部进行打捞的一种工具，可打捞不同尺寸的油管、钻杆和套管等鱼顶为圆柱形的落鱼。在打捞作业中，可与安全接头、下击器、上击器、加速器等组合使用。它有篮式卡瓦和螺旋卡瓦两种形式。可退式打捞筒的主要特点是：

（1）卡瓦与被捞落鱼接触面大，打捞成功率高，不易损坏鱼顶。

（2）在打捞提不动时，可顺利退出工具。

（3）篮式卡瓦捞筒下部装有铣控环，可对轻度破损的鱼顶进行修整、打捞。

（4）抓获落物后，仍可循环洗井。

2）结构

螺旋卡瓦式可退打捞筒由上接头、筒体、密封圈、螺旋卡瓦、控制环、引鞋等组成，如图 10-12 所示。其中控制环只起定位卡瓦作用，螺旋卡瓦较篮式卡瓦薄，因此，在同一筒体内装螺旋卡瓦时，其打捞范围比篮式卡瓦捞筒大。

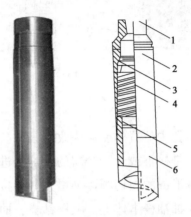

图 10-12　螺旋卡瓦式可退打捞筒

1—上接头；2—筒体；3—密封圈；4—螺旋卡瓦；5—控制环；6—引鞋

（1）上接头：内螺纹与钻柱相连接，公扣与筒体相连接，中心是阶梯形孔，可对落鱼起定位作用。

（2）筒体：两端有细牙螺纹，靠近挡圈一端与上接头相连，另一端接引鞋。筒内加工有大螺距左旋锥面螺纹，在左旋螺纹最上端焊有挡圈。筒下端的螺纹起点处有一个键槽，限定着铣控环并传递扭矩。

（3）控制环：环体端部有铣齿，可对鱼顶进行修整，另一端有与筒体开口键槽相配合的键。工具装配后，控制环的键与筒体键槽配合定位，不能相对旋转，卡瓦也由此键定位，只能在筒体内沿轴向窜动，不能相对旋转。

3）工作原理

在打捞过程中，当工具遇落物鱼顶，落物经引鞋引入到卡瓦，卡瓦外锥面与筒体内锥面脱开，卡瓦被迫胀开，落物进入卡瓦中，上提钻柱，卡瓦外螺旋锯齿形锥面与筒体内相应的齿面有相对位移，使卡瓦收缩卡咬落物，实现打捞。

4）操作方法

（1）将工具润滑部位涂润滑脂，各部连接紧固，卡瓦在手推力下活动灵活。

（2）打捞筒下至鱼顶以上 1~2m 时，开泵洗井，冲洗鱼头。

（3）缓慢下放同时正转钻具，使打捞筒进入鱼顶，悬重下降不超过 10~15kN，泵压升高，表明落物已进入打捞卡瓦内。

（4）上提钻具，若悬重高于原钻具悬重，说明已捞获，否则应重新打捞。

（5）在工具最大许用提拉力下仍不能提动落物，说明遇卡严重，可用钻具自身重力下击捞筒，然后正转管柱，上提退出工具。

5）注意事项

（1）因打捞筒内有密封圈，当落鱼进入打捞筒循环洗井时，应注意泵压变化，防止憋泵。

（2）由于工具外径较大，井内必须清洁，防止卡钻。

5. 短鱼顶打捞筒

1）功能

短鱼打顶捞筒用以实现对鱼顶距卡点很近或鱼顶在接箍以上长度很小的油管、钻杆、抽油杆本体的打捞作业。短鱼顶打捞筒是在普通可退式捞筒基础上，根据落鱼顶较短，即落鱼与套管环空深度很浅，一般打捞筒较难实现打捞而不便使用母锥打捞及矛类工具打捞的情况下发展起来的一种专门打捞筒。一般鱼头上露 50mm 以上就能被抓住。

2）结构

短鱼顶打捞筒由上接头、控制环、篮式卡瓦、筒体、引鞋等零件组成，如图 10 – 13 所示。

3）工作原理

筒体与篮式卡瓦上的宽锯齿形螺纹，就其一个螺距而言是一个螺旋锥面。当内外螺纹锥面吻合，并有上提力时，筒体便给卡瓦以夹紧力，迫使卡瓦内缩夹紧落鱼，实现抓捞。

当内外螺旋锥面脱开，并施以正扭矩和上提力时，控制环上的长键带动卡瓦右旋。虽然上提有使螺旋锥面贴合的趋势，但是螺旋锥面是左螺旋，使两锥面处于脱开状态，夹紧力近似于零，打捞筒则可退出落鱼，实现释放。

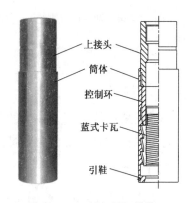

上接头
筒体
控制环
篮式卡瓦
引鞋

图 10 – 13　短鱼顶打捞筒

4）操作方法

（1）根据鱼顶大小和井眼尺寸，选择好合适的短鱼顶打捞筒。

（2）工具下井，在离鱼顶 1～2m 处慢速右旋工具并下放，当悬重下降时，停转停放。

（3）上提钻具。

（4）需要释放工具时，首先给捞筒下击力，然后慢慢右旋并上提钻具。

5）注意事项

（1）打捞之前要清楚鱼顶情况，如鱼顶大小、距接箍距离、鱼顶形状，井眼尺寸等。

（2）对不规则鱼顶，如劈裂、椭圆长轴超出打捞尺寸1.3倍时，需修整鱼顶。

6. 抽油杆打捞筒

1）功能

抽油杆打捞筒是专门用来打捞断脱在油管或套管内的抽油杆的一种工具。

2）结构

抽油杆打捞筒由接头、筒体、弹簧和卡瓦组成，如图10-14所示。

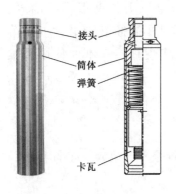

图10-14　抽油杆打捞筒

3）工作原理

打捞时，下放工具，经筒体内锥孔进入筒体内的抽油杆，推动卡瓦沿筒体内锥面上行，卡瓦内孔逐渐增大，弹簧被压缩，当孔径达到一定值后，断脱的抽油杆进入卡瓦内，此时上提工具，在卡瓦锯齿形牙齿与抽油杆摩擦力的作用下，使卡瓦保持不动，筒体随之上升，内外锥面紧密贴合。继续上提工具，在上提负荷的作用下，内外锥面间产生径向加紧力，使卡瓦内缩，紧紧咬住抽油杆，将井下抽油杆打捞至地面。

7. 活页式打捞筒

1）功能

活页式打捞筒用来在大的环形空间里打捞鱼顶为带台肩或接箍的小直径杆类落物，如完整的抽油杆、带台肩和带凸缘的井下仪器等。

2）结构

活页式打捞筒主要由上接头、筒体、扭簧、销轴、卡板组成，如图10-15所示。

3）工作原理

鱼顶为接箍的落鱼引入筒体后，顶开活页卡板，活页卡板绕销轴转动。当接箍通过卡板后，在扭力弹簧的作用下卡板自动复位，接箍以下管柱正好进入活页卡板的开口里。上提钻具，接箍卡在活页卡板上，实现打捞。

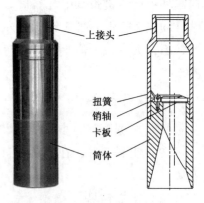

图10-15　活页式打捞筒

4）操作方法

（1）地面检查各处螺纹，逐一连接上紧。检查活页卡板能否自由活动弹簧能否使卡板自动复位，卡板开口尺寸与抽油杆是否配伍最好实物实验。

（2）下钻至鱼顶上 1~2m，开泵洗井，慢转慢放使引鞋入鱼。下放时注意悬重变化，如有轻微变化，应立即停止下放并上提，如悬重增加说明捞获，可提钻，否则重复打捞，直至捞获。

5）注意事项

抽油杆较细，套管直径相对较大，油杆易受压易弯曲，甚至造成打捞失败，故打捞中切不可猛放重压。宜采取慢放轻压、旋转入鱼、逐级加深、多次打捞的操作方法。

8. 组合式抽油杆打捞筒

1）功能

组合式抽油杆打捞筒是将打捞抽油杆本体的打捞筒与打捞抽油杆接箍和台肩的打捞筒组合在一起，构成的一种新式打捞工具。其功能是在不换卡瓦的情况下，在油管内打捞抽油杆本体或打捞抽油杆台肩及接箍，是一种多功能、高效率打捞抽油杆的组合工具。

2）基本结构

组合式抽油杆打捞筒由上、下两部分打捞筒组成，如图 10-16 所示。

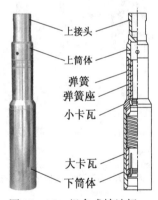

图 10-16　组合式抽油杆打捞筒

上筒部分用于打捞抽油杆本体，由上接头、上筒体、弹簧、弹簧座、小卡瓦等组成。下筒部分可打捞抽油杆接箍和台肩。在结构形式上基本上与上筒相同，由下筒体、弹簧座、弹簧、大卡瓦等组成。

3）工作原理

（1）打捞抽油杆本体：工具下井过程中，如遇抽油杆本体，本体通过下筒体进入上筒体小卡瓦内，在弹簧力的作用下，卡瓦外锥面与筒体的内锥面相吻合，并使卡瓦牙始终贴紧落鱼外表面。当提拉捞筒时，在摩擦力的作用下，落鱼带着卡瓦相对筒体下移，筒体内锥面迫使剖分式双瓣卡瓦产生径向夹紧力，咬住落鱼。

（2）打捞抽油杆台肩和接箍：落鱼通过下筒体引入并抵住卡瓦前倒角。随着工具下放，落鱼顶开双瓣卡瓦进入并穿过卡瓦。上提捞筒，落鱼带着卡瓦与筒体产生相对运动形成径向夹紧力，落鱼部分弧面被卡瓦咬住或卡在台肩上。

4) 操作方法

(1) 将组合抽油杆打捞筒接在管柱上下井。

(2) 当工具下至鱼顶时，下放速度要慢，并可旋转3~5圈，以引入落鱼。

(3) 当悬重下降后，停止下放，缓慢上提；若悬重增加，说明打捞筒抓住落鱼。

5) 注意事项

(1) 入井前必须了解鱼顶形状及尺寸。

(2) 工具与管柱必须拧紧。

9. 开窗打捞筒

1) 功能

开窗打捞筒是一种用来打捞长度较短的管状、柱状落物或具有卡取台阶且无卡阻落物的工具，如带接箍的油管短节、筛管、测井仪器、加重杆等，也可在工具底部开成一把抓齿形组合使用。

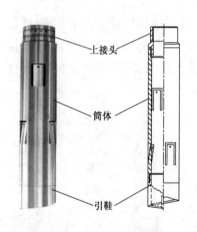

图 10 – 17　开窗打捞筒

2) 结构

开窗打捞筒是由筒体与上接头两部分焊接而成，如图 10 – 17 所示。上接头上部有与钻柱连接的钻杆螺纹，下端与筒体焊接。筒体上开有 1 ~ 3 排梯形窗口，在同一排窗口上有变形后的窗舌，内径略小于落物最小外径。在筒体上端钻有 4 ~ 6 个小孔，作为塞焊孔，以增加与接头的连接强度。

3) 工作原理

当落鱼进入筒体并顶入窗舌时，窗舌外胀，其反弹力紧紧咬住落鱼本体，上提钻具，窗舌卡住台阶，即把落物捞出。

10. 电动潜油离心泵打捞筒

1) 功能

电动潜油离心泵打捞筒是专门用于打捞电泵体、保护器、分离器的打捞工具。

2) 结构

电动潜油离心泵打捞筒由内外筒体、引鞋、上接头、弹簧、键槽卡瓦等组成，如图 10 – 18 所示。

3) 工作原理

施工时，当工具的引鞋吃入落鱼之后，下放钻具，落鱼将卡瓦上推，压缩弹簧，使卡瓦脱开筒体锥孔上行并逐渐分开，落鱼进入卡瓦，此时卡瓦在弹簧力的作用下被压下，卡瓦、筒体内外锥面贴合，产生径向夹紧力，将落鱼卡住，提钻即可捞出。

对于不同直径的落鱼，只要在筒体许可的情况下更换不同卡瓦，即可打捞不同尺寸的落鱼。

图 10-18 电动潜油离心泵打捞筒

五、钩类打捞工具

钩类打捞工具包括内钩、外钩、内外组合钩、单齿钩、多齿钩、活齿钩等类型，是修井施工中使用较广泛的工具。钩类打捞工具操作简单、打捞成功率高，是打捞电缆、钢丝绳、录井钢丝绳等绳、缆类的专用打捞工具。

1. 活动式外捞钩

1）功能

活动式外捞钩（视频 10-3）是用于从套管或油管内打捞各种绳类、提环、空心短圆柱体、短绳套等落物的工具，如钢丝绳、录井钢丝、电缆、深井泵衬套、刮蜡片等。

2）结构

活动式外捞钩由接头、矛杆、钩子、销子组成，如图 10-19所示。上接头连接下井管柱；矛杆是连接钩子的主体，由于钩杆直径比普通外钩大，而且钩齿采用钢板作材料，因此具有较高的强度。钩杆底部为螺锥，在打捞过程中，通过旋转可钻入成团压

视频 10-3 活动式外捞钩

实的电缆中，上提时可将成团压实的电缆带出井口或将压实的电缆提拉松散后有利于钩齿下入打捞。故此，外捞钩特别适合于打捞电泵电缆。

3）工作原理

打捞落物时，将钻具下放至打捞位置轻轻转动，使外钩插入绳类或其他落物内，上提钻具，钩齿钩住落物而将其带出地面。

4）操作方法

（1）选择合适的外钩，要特别注意防卡圆盘的外径与套管内径之间的间隙应小于被打捞绳类落物的直径。

（2）将工具下入井内，至落鱼以上 1~2m 时，记录钻具悬重。

（3）缓慢下放钻具，使钩体插入落鱼内同时旋转钻具，注意悬重下降不超过 20kN。

（4）如果对鱼顶深度不清，在下入工具时，应注意不能一下子插入落物太深，以避

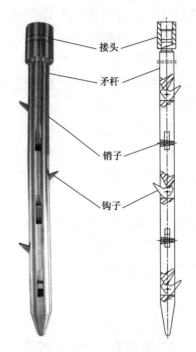

接头

矛杆

销子

钩子

图 10 – 19　活动式外捞钩

免将处于在井壁盘旋状态中的落物压成团，造成打捞困难。

（5）上提钻具，若悬重上升，说明已钩捞住落鱼，否则旋转一下管柱重复下放打捞，直至捞获。

（6）如果确定已经捞上，可以边上提边旋转 3～5 圈，让落物牢牢地缠绕在活动式外捞钩外钩上。

（7）上提时，注意速度不得过快、过猛。

（8）捞钩以上必须加装安全接头。

2. 活动式内捞钩

1）功能

活动式内捞钩用于从套管内或油管内打捞各种绳类及其他落物，如钢丝绳、电缆、录井钢丝、刮蜡片等。

2）结构

活动式内捞钩由上接头、筒体、活动钩齿、轴销、扭簧、钩身组成，如图 10 – 20 所示。

3）工作原理

将活动式内捞钩插入绳类或其他类型落鱼内，上提钻柱时，钩齿勾住落物而带出地面。活动式内捞钩的特点是内钩固定于轴销上，依靠弹簧及自重作用可以在筒体方槽内自由转动，形成最小打捞尺寸当钩齿通过鱼腔之后，钩齿复位，将落鱼捞获。

图 10 - 20　活动式内捞钩

3. 老虎嘴

1）功能

老虎嘴是由内外捞勾结合的变种工具，具有结构简单、打捞范围广、效率较高的特点，可以打捞井下各种悬浮物和碎块胶皮、密封圈、电缆剥皮及录井钢丝、刮蜡片、其他短节、接箍等落物。

当井下绳类落物进入虎口之后，既能被嘴腔上的虎牙钩住，又能被腔内的唇钩钩上，在双重钩的作用下将落物牢牢钩住。加上虎牙的互相交错，更增加了钩捞的效果。

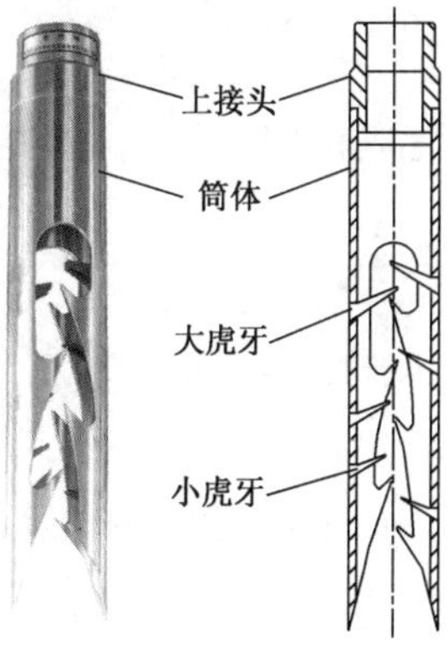

图 10 - 21　老虎嘴

2）结构

老虎嘴的结构如图 10 - 21 所示。上接头和钻柱相连，下部与钩体用螺纹上紧后焊接，其主要结构有嘴腔、唇钩、虎牙和虎口等。嘴腔有 2 ~ 4 个不等，嘴腔上按先短后长的顺序焊接唇钩，形成钩尖朝上的倒刺钩，并焊有 2 ~ 4 对虎牙，每对虎牙上下相对错开，且从上至下逐渐加宽。

3）工作原理

当短小落物进入虎口之后，各方面上的唇钩与落鱼接触在钻压的作用下落鱼进入嘴腔，并将嘴唇向外扩张，在嘴唇本身的作用下，唇钩将落鱼卡住而捞获。

4. 一把抓

1）功能

一把抓是一种结构简单、加工容易的常用打捞工具，专门用于打捞井底不规则的小件落物，如钢球、阀座、螺栓、螺母、刮蜡片、钳牙、扳手、胶皮等。

2）结构

一把抓由上接头、筒身焊接而成，筒体下端开有抓齿，如图 10 - 22 所示。

3）工作原理

一把抓下到井底后，将井底落鱼罩入抓齿之内或抓齿缝隙之间，依靠钻具重量所产生的压力，将各抓齿压弯变形，再使钻具旋转，将已经压弯变形的抓齿按其旋转方向形成螺旋状齿形，落鱼被抱紧或卡死而捞获。

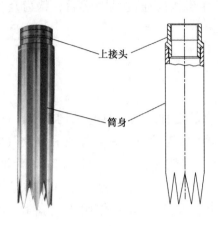

图 10 – 22　一把抓

4）操作方法

（1）一把抓齿形应根据落物种类选择或设计，若选用不当会造成打捞失败。材料应选低碳钢，以保证抓齿的弯曲性能。

（2）工具下至井底以上 1 ~ 2m，开泵洗井，将落鱼上部沉砂冲净后停泵。

（3）下放钻具，当指重表略有显示时，核对方入，上提钻具并旋转一个角度后再下放，找出最大方入。

（4）在此处下放钻具，加钻压 20 ~ 30kN，再转动钻具 3 ~ 4 圈，（井深时，可增加 1 ~ 2 圈），待指重表悬重恢复后，再加压 10kN 左右，转动钻具 5 ~ 7 圈。

（5）以上操作完毕之后，将钻具提离井底，转动钻具使其离开旋转后的位置，再下放加压 20 ~ 30kN，将变形抓齿顿死，即可提钻。

（6）提钻应轻提轻放，不允许敲打钻具，以免造成卡取不牢，落鱼重新落入井内。

六、篮类打捞工具

篮类打捞工具包括反循环打捞篮、局部反循环打捞篮等类型，是打捞螺母、射孔子弹垫子、钳牙、碎散胶皮、钢球、阀座等井下小件落物的专用打捞工具。

下面以反循环捞篮为例进行介绍。

1. 功能

反循环打捞篮用于打捞如钢球、钳牙、炮弹垫子、井口螺母、胶皮碎片等井下小件落物。

2. 基本结构

反循环打捞篮由上接头、筒体、篮筐总成、引鞋等组成，如图 10 – 23 所示。篮筐总成由篮体、篮爪、外套、轴销、扭簧等组成。篮爪沿筐体均匀分布，在扭簧的作用下在垂直于筒体轴线的平面内形成一个圆形筛底（其间隙可以过水）。各个篮爪在外力作用下只能单向向上旋转90°。

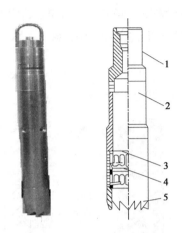

图 10 – 23　反循环打捞篮
1—上接头；2—筒体；3—篮筐；4—隔套；5—引鞋

3. 工作原理

靠大流量、高压力的反洗的洗井液冲击井底，井底落物悬浮运动推动篮爪，使篮爪绕销轴转动竖起，篮筐开口加大，落物进入筒体，然后篮爪恢复原状，阻止了进入筒体内的落物出筐，实现打捞。

4. 操作方法

（1）检查各零部件是否完好灵活，可用手指或工具轻顶篮爪，观察是否可以自由旋转，回位是否及时灵活。

（2）将工具接上钻具；下至距井底以上 3 ~ 5m 处开泵反洗井。

（3）循环正常后，再慢慢下放钻具，边冲边放。当工具遇阻或泵压升高时，可以提钻 0.5 ~ 1m，并做好方入记号。

（4）以较快的速度下放钻具，在离井底 0.3m 左右突然刹车，使井底工具快速下行，造成井底液体紊流，迫使落物运动进入筒体，增强打捞效果。循环 10min 左右停泵，起钻。

七、磁力打捞器

磁力打捞器是用来打捞在钻井、修井作业中掉入井里的钻头巴掌、牙轮、轴、卡瓦牙、钳牙、手锤及油套管碎片等小件铁磁性落物的工具。对于能进行正反循环的磁力打捞器，尚可打捞小件非磁性落物。

1. 正循环磁力打捞器

1）功能

磁力打捞器是用来打捞在钻井、修井作业中掉入井里的钻头巴掌、牙轮、轴、卡瓦牙、钳牙、手锤及油套管碎片等小件落物的工具。

2）结构

正循环磁力打捞器的结构如图 10-24 所示。

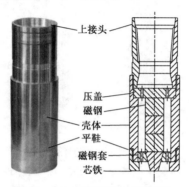

上接头
压盖
磁钢
壳体
平鞋
磁钢套
芯铁

图 10-24　正循环磁力打捞器

3）工作原理

正循环磁力打捞器以壳体引鞋和芯铁为两个同心环形磁极，两极磁通路之间为无铁磁材料区域，使芯铁、引鞋最下端有很高的磁场强度，可把小块铁磁性落物磁化吸附于磁极中心，实现打捞。

对于非铁磁性落物，可在接近井底前开泵循环，借助高压高速的循环钻井液的小孔射流作用，将井底小型落物浮起，并随上返泥浆进入窝穴。由于铁磁性落物被吸附，存在于窝穴中的落物再也不能回落井底，可实现对非铁磁性落物打捞。

2. 反循环磁力打捞器

1）功能

反循环磁力打捞器是用来打捞在钻井、修井作业中掉入井里的钻头巴掌、牙轮、轴、卡瓦牙、钳牙、手锤及油套管碎片等小件落物的工具。

2）结构

反循环磁力打捞器由上接头、钢球、打捞环、压盖、壳体、磁钢、芯铁、隔磁套、平鞋组成，如图 10-25 所示。壳体上部焊接着一个打捞杯，其上端有锥形孔，钢球坐放在这里，成为一个单向阀，堵塞上部钻井液进入杯腔的通道。杯腔与外部工具连通。杯体外表面与壳体之间有环形空间，在其最下端有十余个小斜孔，壳体中间是水眼，直通杯内。

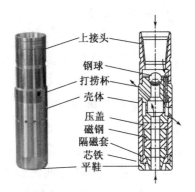

图 10 - 25 反循环磁力打捞器

3）工作原理

它以壳体引鞋和芯铁为两个同心环形磁极，两极磁通路之间为无铁磁材料区域，使芯铁、引鞋最下端有很高的磁场强度，可把小块铁磁性落物磁化吸附于磁极中心，实现打捞。

对于非铁磁性落物，可在接近井底前投球，开泵循环，循环钻井液由上接头经杯体外部的环形空间及小斜孔流向井底，形成强大的旋流，又经芯铁、磁钢、压盖的水眼进入杯腔，从四个大孔泄出工具体外，返出地面，构成局部反循环。借助高压高速的循环钻井液的小孔射流作用，将井底小型落物浮起，并随上返钻井液进入窝穴。由于铁磁性落物被吸附，存在于窝穴中的落物再也不能回落井底，可实现对非铁磁性落物打捞。

八、套管刮削工具

套管刮削工具可用于清除残留在套管内壁上水泥块、水泥环、硬蜡、各种盐类结晶和沉积物、射孔毛刺以及套管锈蚀后所产生的氧化铁等物，以便畅通无阻地下入各种下井工具。尤其在下井工具与套管内壁环形空间较小时，更应在充分刮削之后，再进行下步施工。目前国内一些油田以及国外油水井施工作业时，使用刮削器已成为一种必不可少的工序，其目的在于提高工具下入和作业的成功率。例如封隔器的坐封成功率等。

1. 机械式内割刀

1）功能

机械式内割刀是一种从井下管柱内部切割管子的专用工具。除接箍外可在任意部位切割。若在其上部配有可退式打捞锚，就可以将卡点以上的管柱一次性切割和提出。

2）结构

机械式内割刀的结构如图 10 - 26 所示，主要由芯轴、切割机构、限位机构、锚定

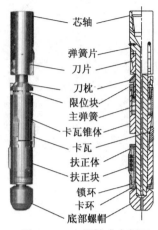

图 10 - 26　机械式内割刀

机构等部件组成。

（1）芯轴：上部有与钻杆相连接的内螺纹，底部螺纹接引鞋，其他部件均套在芯轴上，芯轴中心有水眼，可进行水循环。

（2）切割机构：由刀片、刀枕、主弹簧组成。刀片外边有弹簧片，自由状态的弹簧片停放在心轴的刀片槽内；坐卡后，芯轴下放，刀片沿刀枕斜面外伸；钻柱旋转时，刀片和刀枕一起随芯轴转动进行切割。刀片进给时，刀枕所承受的轴向力完全由主弹簧承担，保证了进刀平稳，不致因冲击载荷而损坏刀片。

（3）限位机构：切割过程中，旋转和下放两种运动形式同时进行。旋转速度由地面控制。而下放时，刀片总进给量是由限位圈来控制的。其结构是限位圈端面上有三个凸台，切割时与刀枕一起转动，但不能随工具下行。当芯轴达到最大下放量时，凸台与芯轴台肩接触，此时刀片外伸量为极限值，主弹簧受到最大压力。

（4）锚定机构：由扶正壳体、滑牙套、滑牙板、弓形板簧、弹簧、卡瓦、锥体等零件组成。扶正壳体内均布三个 T 形槽，内装滑牙板和弓形板簧。扶正壳体上部均布三个 T 形孔，吊挂着三个卡瓦。滑牙板内侧表面有 3 ~ 4 锯齿形牙，在弓形板簧作用下，紧紧贴合在滑牙套外表面的锯齿螺纹上，滑牙套与芯轴螺纹连接。

3）工作原理

作业时，将工具下放到预定深度，正转钻柱，由于摩擦块紧贴套管内壁产生一定的摩擦力，迫使锁环与芯轴相对转动，推动卡瓦上行沿锥面张开，并于套管内壁接触，完成锚定动作。继续转动并下放钻柱，刀片沿刀枕锥面上行，径向张开进给，进行切割。切割完毕后上提管柱，芯轴上行，单向锯齿螺纹压缩锁环，使锁环跳跃复位，卡瓦脱开，解除锚定。

4）操作方法

（1）通井，保证下井工具畅通无阻。

（2）根据被切管子尺寸，选好机械内切刀。

（3）将工具接在钻柱下端，下至预定深度。

（4）循环洗井。

（5）正转钻柱，逐渐下放，直至坐卡，此时悬重应保持原钻柱重量。

（6）继续以 12 ~ 24r/min 的转速正转，从开始切割（扭矩增加）为起点，每次下放量为 1 ~ 2mm；若扭矩显著减小，说明管柱被切掉。

（7）上提管柱即可恢复常态。

5) 注意事项

(1) 下工具过程中，应防止正转钻柱，以免中途坐卡；若中途坐卡，可上提钻柱即可复位，然后继续下放。

(2) 切割时应按规定控制下放量和转速，以防刀片损坏。

2. 机械式外割刀

1) 功能

从套管、油管或钻杆外部切断管柱。更换成卡瓦式卡爪装置后，可在除接箍外任何部位切割。切割后，可直接提出断口以上的管柱。

2) 结构

机械式外割刀的结构如图 10-27 所示。中间接头连在上接头与筒体之间，用以补偿原工具尺寸的不足；同时中间接头上部有一台阶，压住弹簧。下端面压住卡瓦锥体座，使其固定不动。卡瓦锥体是圆柱形套，内孔有一锥面。两个剪销把锥体座和锥体连在一起。卡瓦是整体式。圆环体的下部有四个卡瓦片，卡瓦片内表面有坚硬的内齿，外表面是圆锥面。安装这种卡爪装置的外割刀，还可以退出落鱼。

筒体上接上接头，下连引鞋，体内装有卡爪装置、止推环、承载环等零件。上接头可同套洗筒或其他工具管柱相连。卡爪装置的主要作用是使割刀固定在预切割

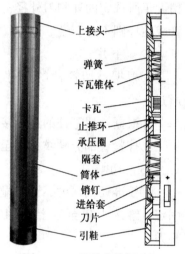

图 10-27 机械式外割刀

部位的管住上，可卡在套管、油管、钻杆等标准接箍处，也可卡在带台阶的工具接头外，用以固定割刀来实现定位切割。

卡爪装置的下面是止推环和承载圈。这两个零件是上部静止部分与下部运动部分的分界，因而有承压、耐磨的作用。主弹簧由矩形截面的弹簧钢板绕制而成。装配状态下，主弹簧处于受压状态。

引鞋有两种：一种是筒形，下端有一大的内锥面；另一种下部有螺旋形缺口及内锥面。后者更容易引入靠在井壁上的落物。

3) 工作原理

接在套铣管柱最下端的外割刀下入井后，引鞋将被卡管柱引入外割刀内腔，卡爪装置中的卡爪紧紧贴在被切管柱本体外壁下行。当遇到接箍或者加厚部位时，卡爪被推开或者被胀大，在弹性力的作用下，卡爪滑过接箍后，又重新贴在管柱本体下行。

工具下至切割位置后，上提工作管柱，卡爪便卡在被切段上部的第一个接箍台

肩处。随着上提力的增加，卡紧力也增大；达到一定值后，进给套上的剪销被剪断。近给套在弹簧力的作用下，推动刀片内伸。转动工作管柱，刀片便进入了切割状态。

随着切削深度的增加，进给套将不断地使刀片产生进给运动。可见在切割过程中，卡爪装置卡在被切管柱上，是不动的。机械式外割刀的其余部分随工作管柱一起转动，止推环和承载环是一对滑动摩擦副。

4）操作方法

（1）套铣。

在下割刀前要进行套铣，使被割管住与水泥环分开。套铣鞋的尺寸必须符合起外径稍大于所选定的外割刀外径，内径要小于外割刀内径 2～4mm 的规定。若是套管内的油管或钻杆则不必套铣。

（2）下井。

①根据被切管柱的尺寸选定外切刀，并用工作井眼的最小尺寸校验工具能否通过。

②根据被切管柱的连接接箍或台肩选定卡爪装置

③拧紧各部分螺纹，下至预切深度。

（3）切割。

①校准切割深度，开泵循环，正常后，上提工作管柱，卡爪装置卡住接箍，使割刀固定。继续上提至套上的销钉被剪断，在主弹簧的作用下，进给套压迫刀片，实施割刀。

②均匀地、慢慢地旋转工作管柱，刀片开始切割。

③指重表有明显摆动时说明切割完成。提出被割管柱及工具。

5）注意事项

（1）在整个切割过程中，要保持剪断剪销的上提负荷。

（2）接上方钻杆后开泵循环，待循环正常后停泵，然后才开始对刀和切割。

（3）切割开始时，要慢转小扭矩，实现轻微切割。如果发现扭矩过大，转速过慢，应轻微下放工作管柱，直至扭矩小，转动自如为止。在上提管柱 6mm 左右进行切割。

（4）在裸眼中切割，一般情况下，切断长度不要超过 140m。

3. 套管刮削器

1）功能

套管刮削器用于刮切固定尺寸的套管内壁黏附物，以达到修复套管内径的目的。利用坚韧的刀刃切除和修光套管内表面，分为上、下往复刮削和右旋上下往复刮削两种形式。

2）结构

套管刮削器主要由主体、刀板座、固定块、刀板和弹簧组成，如图 10 - 28 所示。

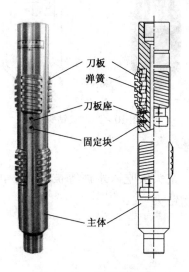

图 10 - 28　套管刮削器

3）工作原理

（1）上、下往复刮切：工具未入井的刮削器刀片的最大安装尺寸比套管内径大，入井后刀片必定压缩弹簧而内缩。刮切坚硬材料时，需多次刮削，每刮削一次套管内径就增大一次，由弹簧提供径向进给力。刮削器连接在井下管柱的下端，管柱的上下移动便是刮切过程中的轴向进给。

（2）右旋并上下往复刮削：在刮削区段内，边右旋钻具边下方或上提钻具。在刮削器刀板的作用下，套管内径上的黏附物就会不断被切掉。由于刀片的旋转作用，相对杂物是上升的，有利于杂物上返。

九、钻、磨、铣类工具

1. 尖钻头

1）功能

尖钻头是专门用来钻水泥塞、冲钻沙桥、盐桥、刮去套管壁上脏物与某些矿物结晶的工具。

2）结构

尖钻头的结构如图 10 - 29 所示。

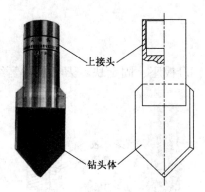

图 10 - 29　尖钻头

3）工作原理

尖钻头在钻压的作用下，钻头尖吃入水泥等被钻物，再通过旋转使吃入部分在圆周方向进行切割，逐步将被钻物钻去。

2. 平底磨鞋

1）功能

平底磨鞋是用底面所堆焊的 YD 合金和耐磨材料去磨研井下落物的工具，如磨碎钻杆钻具等落物。

2）结构

平底磨鞋由磨鞋本体及所堆焊的 YD 合金及其他耐磨材料组成，如图 10 - 30 所示。磨鞋本体由两段圆柱体组成，小圆柱上部是钻杆扣，同钻柱相连；大圆柱体底面有过水槽，在底面过水槽间焊满 YD 合金或耐磨材料。磨鞋体从上至下有水眼。

3）工作原理

图 10 - 30　平底磨鞋

平底磨鞋依其底面上的 YD 合金和耐磨材料在钻压的作用下，吃入并磨碎落物，磨屑随循环洗井液带出地面。

3. 凹面磨鞋

1）功能

凹面磨鞋可用于磨削井下小件落物以及其他不稳定落物，如钢球、螺栓、螺母、炮垫子、钻杆、牙轮等。由于磨鞋底面是凹的，在磨削过程中罩住落鱼，迫使落鱼聚集于切削范围之内而被磨碎，由洗井液带出地面。

2）结构

凹面磨鞋的底面为 5° ~ 30° 的凹面角，其上有 YD 合金或其他耐磨材料，其余结构与平面磨鞋相同，如图 10 - 31 所示。

3）工作原理

凹面磨鞋依其底面上的 YD 合金和耐磨材料在钻压的作用下，吃入并磨碎落物，磨屑随循环洗井液带出地面。YD 合金由硬质合金颗粒及焊接剂组成，在转动中对落物进行切削。而采用钨钢粉作为耐磨材料的工具，利于用较大的钻压对落物表面进行研磨。

4. 领眼磨鞋

1）功能

领眼磨鞋可用于磨削有内孔且在井下处于晃动的落物，如钻杆、钻铤、油管等。

2）结构

领眼磨鞋由磨鞋体、领眼椎体或圆柱体两部分组成，如图 10 - 32 所示。

图 10 - 31　凹面磨鞋

图 10 - 32　领眼磨鞋

3）工作原理

领眼磨鞋主要是靠进入落物内的锥体或圆柱体将落物定位，然后随着钻具旋转，焊有 YD 合金的磨鞋磨削落物，磨削下的铁屑被洗井液带到地面。

5. 外齿铣鞋

1）功能

外齿铣鞋是用以刮铣套管内壁、修理鱼顶内腔和修整水泥环的一种工具，还可用来刮削套管上残留的水泥环、锈斑、矿物结晶及小量的飞边等。在下衬管固井钻水泥塞之后，需要下外铣鞋将衬管顶部水泥塞处的水泥环休整成平整光滑的喇叭口。

2）结构

外齿铣鞋由鞋头和铣鞋体构成，在铣鞋体外壁加工有多条长形锥面洗齿，如图 10 - 33 所示。

3）工作原理

外齿铣鞋依靠外齿的刃尖，对不规则的鱼顶，进行周向切削，逐步将破坏鱼顶修切成圆形。

6. 空心磨鞋

1）功能

空心磨鞋又称为套铣鞋，是用以清除井下管柱与套管之间的各种脏物的工具，可以套铣环形空间的水泥，坚硬的沉砂、石膏和碳酸钙结晶等。

2）结构

空心磨鞋由磨鞋体、圆柱体及上接头组成，其中磨鞋体为焊接有耐磨材料，如图10-34所示。

图10-33 外齿铣鞋

图10-34 空心磨鞋

3）工作原理

空心磨鞋依靠四环式磨鞋体上的YD合金铣切突出的变形套管内壁和滞留在套管内壁上的结晶矿物及其他杂质。其圆柱部分起定位扶正作用，铣下碎屑由洗井液上返带出地面。

7. 梨形磨鞋

1）功能

梨形磨鞋可用于磨削套管较小的局部变形，修整在下钻过程中，各种工具将接箍处套管造成的卷边及射孔时引起的毛刺、飞边，清理滞留在井壁上的矿物结晶及其他坚硬的杂物，以恢复通径尺寸。

2）结构

梨形磨鞋有磨鞋本体和焊接在其上的YD合金组成，如图10-35所示。

3）工作原理

梨形磨鞋依靠前锥体上的 YD 合金铣切突出的变形套管内壁和滞留在套管内壁上的结晶矿物及其他杂质。其圆柱部分起定位扶正作用，铣下碎屑由洗井液上返带出地面。

8. 套铣筒

1）功能

套铣筒是与套铣鞋联合使用的套铣工具，其功能是利用铣鞋齿部的硬质合金表面旋转钻进套铣作业，同时用于进行冲沙、冲盐、热洗解堵等作业。

2）结构

套铣筒主要由上接头、筒体、铣鞋组成，如图 10 - 36 所示。

图 10 - 35 梨形磨鞋

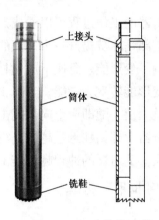

上接头

筒体

铣鞋

图 10 - 36 套铣筒

3）工作原理

依靠其底面的合金和耐磨材料在钻压的作用下吃入并磨碎落物，磨屑随循环洗井液带出地面。

十、震击类工具

在钻井修井作业中，由于地质构造复杂、技术措施不当等，常常发生钻具遇阻卡钻，震击类工具是解除卡钻事故的有效工具之一。当钻具遇卡时，通过震击器给卡点处施加向上或向下的强烈的震击力使卡点松动，从而达到解卡的目的。其最大的特点是能以高速度来获得较大的动能去克服卡持钻具的力量。

1. 开式下击器

1）功能

开式下击器是一种机械式震击工具，借助钻柱的重量和弹性伸缩从而达到强烈下击、连续上下震击和解脱打捞工具的目的。

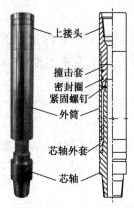

图 10-37 开式下击器

2）结构

开式下击器由上接头、撞击套、密封圈、外筒、芯轴和芯轴外套组成，如图 10-37 所示。

3）工作原理

上提钻具拉开工具的工作行程后，继续上提使钻柱有足够的弹性伸长，储备变形能，然后突然释放，在重力和钻柱弹性力的作用下，钻柱向下作加速运动，势能和变形能转变为动能。当下击器达到关闭位置时，势能和变形能转变为动能，并达到最大值，随即产生向下震击作用。震击力的大小跟上部钻柱的悬重、钻柱的弹性伸长量和工具行程有关。

下击器的工作过程可以看成是一个能量的相互转化的过程。上提钻柱时，下击器被拉开，上部钻柱被提升一个冲程的高度具有了势能。进一步向上提拉，钻柱产生弹性伸长，储备了变形能。急速下放钻柱，在重力和弹性力的作用下，钻柱向下作加速运动，势能和变形能转变为动能。当下击器达到关闭位置时，势能和变形能完全转化为动能，并达到最大值，随即产生向下震击作用。

下击器上部钻柱悬重越大，震击力越大。上提钻柱时钻柱产生的弹性伸长越大，震击力越大。下击器的冲程越长震击力越大。

2. 倒扣用下击器

1）功能

倒扣下击器实质上是一个开式下击器，它除具备开式下击器的功用外，还可同倒扣器配套使用。

2）结构

倒扣下击器主要由芯轴、承载套、键、筒体、销、导管、下接头及各种密封件组成，如图 10-38 所示。

3）工作原理

作为下击器使用时，其工作原理与开式下击器的工作原理相同，即上提钻具拉开工具的工作行程后，继续上提使钻柱有足够的弹性伸长，然后突然释放，利用钻柱弹性势能产生震击作用。

同倒扣器配合使用时，下击器工作前芯轴相对筒体呈拉开状态，倒扣器上的反扭矩经芯轴，圆形键和筒体传至落鱼，待接头螺纹旋松后，上升的管柱推动筒体上行，筒体相对芯轴移

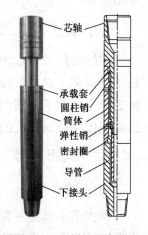

图 10-38 倒扣下击器

动，补偿了螺纹旋开的升移量。

十一、整形类工具

整形器的是针对井下套管变形进行修复的工具。

1. 偏心棍子整形器

1）功能

偏心辊子整形器可对油、气、水井轻度变形的套管进行整形修复，最大可恢复到原套管内径的98%。

2）结构

偏心辊子整形器主要由偏心轴、上辊、中辊、锥辊、钢球及丝堵等部件组成，如图10-39所示。其中上接头、上辊、下辊三轴为同一轴线；中辊与锥辊为另一轴线，两轴线偏心距为 e。

3）工作原理

整形器安装在钻杆下端，当钻柱旋转时，上、下辊绕自身轴线做旋转运动，而中辊除绕自身轴线旋转外，还须绕钻具中心线以偏心距 e 公转，形成一组凸轮机构，以上、下辊为支点，中辊以旋转挤压的形式对套管变形部位进行整形。

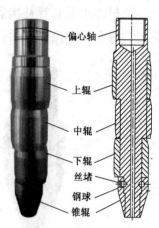

图10-39 偏心辊子整形器

2. 梨形胀管器

1）功能

梨形胀管器是用以修复井下套管较小变形的整形工具之一。它依靠地面施加的冲击力，迫使工具的锥形头部楔入变形套管部位，进行挤胀，达到恢复其内通井尺寸的目的。

2）结构

梨形胀管器为一整体结构、螺旋过水槽式，如图10-40所示。

3）工作原理

梨形胀管器的工作部分为锥体大端。当钻具施加给工具力时，其锥体大端与套管变形部位接触的瞬间所产生的侧向分力直接挤胀套管变形部位。

十二、套管补接类工具

1. 铅封注水泥套管补接器

1）功能

铅封注水泥套管补接器用于更换井下损坏套管时，连接新旧套管，保持内通径不变，并起密封作用的一种补接工具。

2）结构

铅封注水泥套管补接器主要由上接头、外筒、卡瓦座、销钉、卡瓦、控制环、铅封总成、内套、限位套、引鞋等组成，如图 10–41 所示。

图 10–40　梨形胀管器

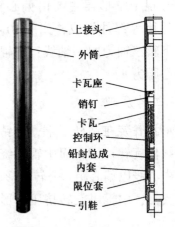

　　　上接头
　　　外筒
　　　卡瓦座
　　　销钉
　　　卡瓦
　　　控制环
　　　铅封总成
　　　内套
　　　限位套
　　　引鞋

图 10–41　铅封注水泥套管补接器

3）工作原理

作业时，右旋钻柱将鱼顶引入引鞋内，下放管柱，通过引鞋上部 6 个凸台将套管外壁的水泥环、毛刺刮掉，并扶正套管，也为抓获和坐定铅封扫清障碍。当套管接触螺旋卡瓦后，将其向上顶起，外径扩张。继续右旋下放工具，靠螺旋卡瓦与套管外径间的摩擦，使螺旋卡瓦内径扩大，套管顺利通过卡瓦座上台阶，直至顶住上接头。上提钻柱，螺旋卡瓦与卡瓦座相互贴合，产生径向夹紧力，咬住套管。继续上提管柱，引鞋在外筒拉力作用下给内套以向上推力，使铅封受到轴向压缩产生塑性变形，起到密封作用。然后，慢慢下放管柱，使卡瓦座顶住上接头，开泵循环注水泥。若铅封无效，可用钻具下击工具，使螺旋卡瓦与卡瓦座脱开，卸掉上提时的夹紧力，再一边慢慢正转，一边上提，可将补接器逐步退出下部套管。

2. 封隔器型套管补接器

1）功能

封隔器型套管补接器是取出井下损坏套管后，再下入新套管时的新旧套管连接器。

2）结构

封隔器型套管补接器由抓捞机构、封隔机构两大部分组成，如图 10-42 所示。

（1）抓牢机构：抓捞机构实质上是一个篮式卡瓦打捞筒，主要由上接头、筒体、篮式卡瓦、铣控环、引鞋等零件组成。

（2）封隔机构：由橡胶密封圈、保护套组成。密封圈是双唇式套筒形，紧贴在筒体内壁上，密封圈在未工作时，双唇被保护套压着。当井下套管推走保护套后，双唇张开，紧紧密封着井下套管外径。双唇张开后若收回工具，这一密封圈必因磨损而报废。

图 10-42 封隔器型套管补接器

3）工作原理

（1）抓捞：连接在新套管下端的补接器接近井下套管时，边慢慢旋转边下放，井下套管通过引鞋进入卡瓦。卡瓦先被上推，后被胀开让套管通过。套管通过后，继续上行推动密封圈，保护套使其顶着上接头，密封圈双唇张开，完成抓捞。

（2）封隔：抓捞后上提管柱，卡瓦咬住井下套管不动，筒体上行使卡瓦与筒体的螺旋锥面贴合。上提负荷越大，卡瓦咬得越紧。双唇式密封圈内径封住套管外径，外径封住筒体内壁，从而封隔了套管的内外空间。

（3）退回：下击使卡瓦与筒体螺旋面脱离，然后慢慢右旋，上提工具管柱，即可退回工具。

十三、安全作业辅助工具

1. 锯齿形安全接头

1）功能

锯齿形安全接头是连接在钻井、修井、测试、洗井、压裂、酸化等作业管柱中的具有特殊用途的接头。当作业管柱正常工作时，可传递正向或反向扭矩，可承受拉、压负荷，并保证井液流畅。当作业工具遇卡时，可从该接头处首先脱开。将安全接头以上管柱起出，以简化下步作业程序。

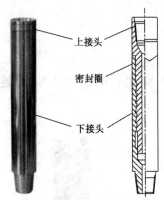

图 10-43　锯齿形安全接头

2）结构

锯齿形安全接头主要由上接头、密封圈、下接头组成，如图 10-43 所示。

3）工作原理

锯齿形安全接头的上、下接头以宽锯齿形螺旋面旋合连接，在外拉力的作用下，犹如一套内、外锥面相吻合；在上、下接头之间的外圆柱面上有"八字形"凸凹结构，其水平夹角与材料的摩擦角相等，实现上、下接头的自锁。

工具下井前，先将上下接头旋紧，使其具有一定的预紧力，宽锯齿形螺旋面间产生一定的摩擦力矩，当上、下接头受拉时，松脱困难，即可传递正反扭矩。当上下接头受压且大于预紧力时，锯齿形螺纹处于松脱状态，反转工具即可松扣。

2. 方扣安全接头

1）功能

安全接头接在井下易卡工具的上部，以便遇卡时可以从安全接头处倒扣，起出接头上部管柱。

2）结构

方扣安全接头由上接头、密封圈、下接头组成，如图 10-44 所示。

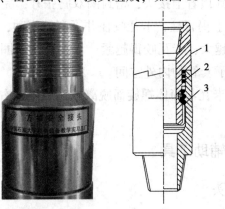

图 10-44　方扣安全接头
1—下接头；2—密封圈；3—下接头

上接头顶部有与钻杆相连接的内螺纹，下部有外密封槽与方外螺纹，其旋向与钻具螺纹相反，下接头上部有密封段，其下是与上接头拧在一起的方内螺纹。工具从上至下有水眼。在上下接头接触的端面上，有倾斜凸缘相互配合。

3) 工作原理

安全接头由内部带有左旋扣的上接头和下接头两部分组成，上、下接头间采用方扣或梯形扣连接，上卸扣阻力小，所以工具遇卡时容易从该接头处卸开。

第三节 注意事项

（1）本套模型及其工作原理仅为教学补充材料，具体内容以相关教科书为准。

（2）为方便教学，部分模型可进行局部装拆，观察内部结构。拆装时，应注意保护连接螺纹。用毕应重新组装完好，为下一次使用做好准备。

（3）各工具模型可根据实际使用情况进行组合。演示现场管柱组合安装时，请注意保护模型以免损坏。

（4）本模型零部件属易损件，使用时请轻拿轻放，禁止跟其他硬物剧烈碰撞或相互碰撞，以免损伤。

思考题

1. 修井作业常用的检测工具有哪些？
2. 公锥和母锥的功能分别是什么？
3. 矛类打捞工具按照其结构特点是怎么分类的？
4. 卡瓦打捞筒的功能是什么？
5. 活动式外捞钩和活动式内捞钩的工作原理是什么？有什么区别？
6. 反循环打捞篮的工作原理是什么？
7. 磁力打捞器的作用是什么？
8. 套管刮削工具的作用是什么？
9. 什么情况下可用到震击类工具？
10. 铅封注水泥套管补接器的工作原理是什么？
11. 锯齿形安全接头的功能是什么？